日本首席
香料師親授
!!!

香料香草風味全書

完整掌握香料香草的調配知識與料理祕訣！

150種香料香草知識 ＋ 110道異國風味食譜 ＋ 16種綜合香料配方

全圖解方式，一次輕輕鬆鬆搞懂香料、香草的搭配料理知識！

日沼紀子——著

許郁文——譯

スパイス＆ハーブ料理の発想と組み立て
調合家が提案する新しい使い方とオリジナルレシピ

前言

我在農家長大，嘗過各種不同季節的蔬菜滋味，也用身體記住了各種蔬菜的收成時機與隨著氣候變化的味道。真正好吃的東西是不需要調味料與高湯輔助的，這份從年幼時期就深植於身體內的感覺，也成為我的料理原點。

第一份工作是坐落於大自然中的食品公司，而我被分配的是負責香料的業務。在對香料一無所知的情況下，我吸收各種相關資訊，並將各種香料的特徵全吸納為自己熟知的味覺與嗅覺。起初，我以為香料的世界與活用食材原味的料理手法背道而馳，但接觸越深，我對香料也開始有了自己的見解。香料其實是一種將食材與食材結合的黏著劑，只要酌量使用，料理就會因為香料的參與而變得更圓融均衡，而這也是我慢慢體會出的道理。

之後經營的咖啡館也成為我的實驗工房，我盡情實踐所學到的香料知識，和香料建立了更深、更穩固的關係。

我在做香料料理時所抱持的基本原則，是讓食材的原味與香料的個性彼此融和，也希望本書能為大家介紹各種並未讓香料喧賓奪主，且每天吃也吃不膩的食譜。只要一小撮的香料，就能讓料理的風味迥然不同呢。

願香料如魔法般為大家帶來各式美味的料理。

日沼紀子

Contents
目錄

Cumin

Coriander

Fennel

Dill

Celery Seed

Anise

Caraway

Ajowan

Cerfeuil

Parsley

Basil

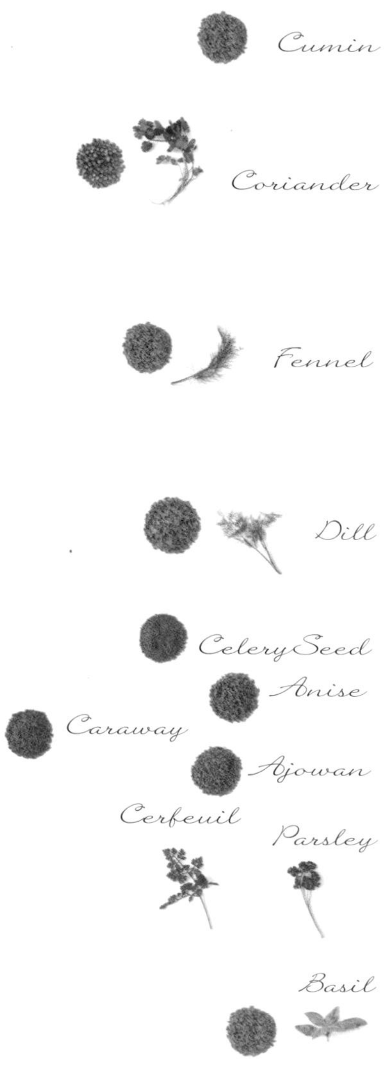

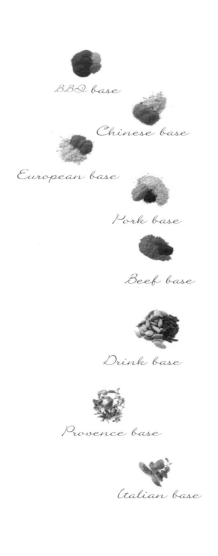

BBQ base

Chinese base

European base

Pork base

Beef base

Drink base

Provence base

Italian base

Chapter 4
咖哩香料的配方

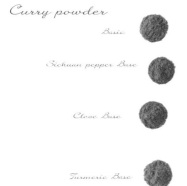

Curry powder

Basic

Sichuan pepper Base

Clove Base

Turmeric Base

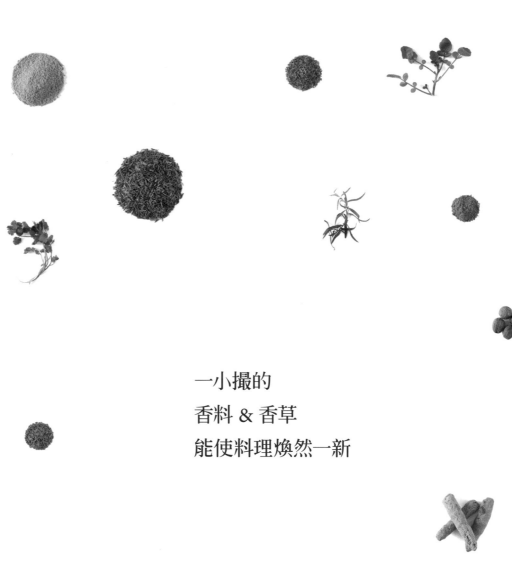

一小撮的
香料 & 香草
能使料理煥然一新

An encounter with spice

Chapter 1
香料&香草的基本

為了一嘗香料&香草料理帶來的樂趣與美味，就讓我們先了解各種香料&香草的特徵與功效。事先了解基本的使用方法，即可靈活使用這些各具特色的香料&香草。

了解香氣的特徵、功效與使用方法，
就能與新的滋味邂逅。

香料&香草可為料理增添食材之外的香氣與風味，也能增加喚醒食慾的辣味與甜味，同時還擁有讓料理看起來更美味的調色效果，以及去除食材腥味的效果。每種香料與香草的特徵都不同，只有在了解其差異後，才能靈活運用。除了理解香料與香草擁有特殊香氣的部位之外，還需要了解如何引出其作用、效能與香氣的技巧，同時也得明白加入料理的時間點，以及如何搭配食材與調味料。讓我們先了解這些基本知識，透過香料與香草讓料理變得更美味吧。

香料 & 香草的基本

利用的部位與形狀

香料&香草各有不同的特徵，而決定這些特徵的最重要因素就是其獨特的香氣。在料理中加入香料&香草可以醞釀出甜美、濃郁又清爽的香氣，這些香氣的芳香成分又稱為精油，全部蓄積於植物的組織或細胞裡。這些含有大量精油的部位可能是葉子、莖部或根部，因植物種類而異，有的還可以直接乾燥後使用，有的則是搗碎使用，有的則需切片或磨成粉再使用，隨著植物形狀的不同，也將導致使用上與提出香氣方式的不同。

利用部位

種籽

孜然、芫荽、小茴香、蒔蘿等

果實、果皮

豆蔻核仁、肉豆蔻皮、胡椒、小豆蔻、紅椒粉等

根部、根莖

生薑、薑黃、山葵等

葉子、莖部（有時包含花穗）

月桂葉、百里香、迷迭香、鼠尾草、馬郁蘭草、薄荷等

花瓣、花苞

丁香、酸豆、番紅花等

樹皮

肉桂、桂皮等

使用的部位因種類而不同

使用的部位主要是種籽、葉子與果實，但某些香料與香草的使用部位是根部、花瓣或樹皮。例如丁香快綻放的花苞可當成香料使用，而肉桂則是將樹皮當成香料使用。即便像豆蔻核仁與肉豆蔻皮是相同的果實取下來的香料，豆蔻核仁屬於果實的種籽部分，而肉豆蔻皮則屬於從種籽表面剝下來的假皮層，使用部位則是截然不同。

活用形狀的特徵與優點

作為香氣來源的精油主要蓄積在植物的組織與細胞中，因此一旦組織被破壞，香氣會隨即散發。由於精油具有揮發性，所以香料處於顆粒狀、粗研磨、切片、粉狀之下，提煉香氣的方法也將不同。粉狀的香料因為經過細研磨的步驟處理，所以細胞組織已先被破壞，因此也比較容易散發香氣，但同樣地，香氣也較快逸散。顆粒狀的香料需要先磨散或磨成粉，處理的步驟雖然複雜，卻能提供新鮮的香氣。

形狀

顆粒狀

不經任何搗碎處理，直接就顆粒狀乾燥的香料，較適合長期保存。利用研磨機研磨後，就能聞到新鮮的香氣。也可直接加進燉菜或醋漬食物裡使用。

粗研磨、切片

以顆粒狀的香料以粗研磨的方式磨成粗顆粒或切片的香料。相較之下，比較容易誘出香氣，應用範圍也較廣泛，不僅食材的事前處理可使用，就連料理完成的階段也能加以應用。

粉狀

磨成粉狀的香料。雖然香氣較粗研磨的香料來得淡，卻比較容易與食材融為一體，常用於料理的收尾階段。

新鮮&乾燥

香料&香草可分成新鮮與乾燥兩種，新鮮的香料&香草色澤鮮亮、香氣清新，而乾燥的則利於保存，也較方便使用。

粉狀

·新鮮與乾燥的用途

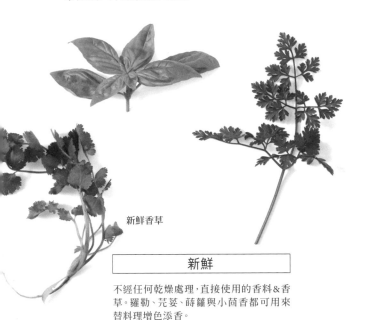

乾燥香草

新鮮香草

乾燥

經過日曬、蔭乾、熱風乾燥這類乾燥處理，水分完全蒸發的香料&香草。可分成直接就顆粒狀乾燥的種類、磨成粉的種類。胡椒、豆蔻核仁、丁香、羅勒、百里香都屬於乾燥香料，也都能長期保存。

新鮮

不經任何乾燥處理，直接使用的香料&香草。羅勒、芫荽、蒔蘿與小茴香都可用來替料理增色添香。

·香草料理可使用新鮮香草

光是加入羅勒、芫荽、薄荷類新鮮香草的香氣，料理就能呈現另一種味道。香草的種類越來越多，而且也能在超市輕鬆購得，所以請大家烹調香草料理時，務必使用新鮮的香草。如果手邊剛好沒有新鮮香草，或是想替料理增添強烈的香草氣息，可選用乾燥香草。新鮮香草中，也有像百里香、奧勒岡或迷迭香這類原本有臭味與苦味，乾燥後臭味消失，取而代之的是香氣浮現的種類，所以一枝新鮮香草大概可被　小撮乾燥香草的量取代。

Mix Spice Lesson

綜合香料的調和教室

第1課　決定基礎香氣的香料

選擇以哪種香料做為主軸。

芫荽

孜然

小豆蔻

薑黃

黑胡椒

丁香

小茴香

豆蔻核仁

辣椒

香料 & 香草的基本

綜合效果

・綜合後香氣的種類更廣泛

香料&香草的組合可互補不足,同時可醞釀出單種香料無法表現的深奧香氣與滋味。有些香料之間的互補性很強,因此成為各地區綜合香料的基礎香料。當你準備自行調配綜合香料,不妨參考各地區傳統綜合香料的配方,或許可從中找到一些靈感。

綜合

多種香料可組合出複雜的香味,也能於更多種料理應用。各國都有其知名的綜合香料,例如日本的「七味辣椒粉」、中國的「五香粉」、墨西哥的「辣椒粉」、法國的「四香粉」,以及印度「什香粉」（garam masala）。

經過熟成後,風味更為一致

香料&香草各有其特殊的香氣,而有些香料在單獨使用時會出現特別的臭味,但此時若是再混入其他幾種香料,就能調和香料的香味。但與其使用剛調配好的綜合香料,還不如先將香料放入密閉的容器裡,讓香料慢慢熟成,香氣能更為一致與圓潤。

第 3 課 混合 2～3 種香料

例:異國風味

將主要的香料與性質相近的香料混合。

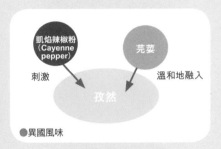

●異國風味

第 4 課 多種香料調和

例:什香粉、摩洛哥綜合香料

以2～3種混合的香料為基底,再搭配個性各自鮮明的香料,呈現極度深層而豐富的複雜香氣。

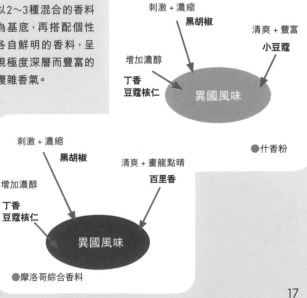

第 2 課 拓展基礎香料的香氣

根據使用的食材和要製作的料理具體想像香氣。

（例）

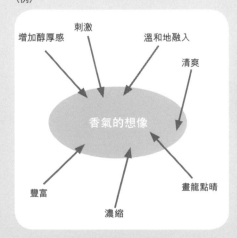

綜合咖哩粉、香料茶也可使用這種調和香料的方法。

功效

香料&香草各自擁有不同的功效,能進一步拓展料理的味道。
只要了解其組成,就能靈活運用香料&香草所擁有的力量。

・基本功效為「增加香味」、「增添辣味・甜味」、「增色」、「除臭」四種。

增加香味

這可說是香料&香草的最大特徵。可為料理增加食材之外的風味,也能強化甜味與鹹味,讓美味加倍。

調味

胡椒、辣椒、生薑等具有辣味成分的辛香料可為料理增加辣味,也能喚醒食慾。肉桂、茴香都有甘味成分,能替料理或茶品增加甜味。

增色

番紅花、梔子花、紅椒粉、薑黃這些具有上色效果的香料&香草,擁有讓料理變得更為美味的視覺效果,除了可為食材增色外,有時也用於料理完成時。

除臭

所謂的除臭其實算是「掩蓋臭味」,也就是利用香料&香草的香氣替肉類、魚類除去腥味與蔬菜的澀味。大蒜與蔥等百合科植物所含的硫黃化合物會與食材裡的胺基酸產生化學變化,所以能去除腥味。此外,鼠尾草、百里香與奧勒岡等唇形花科香料&香草都已經實驗證實具除臭作用(與甲硫醇產生反應)。

肉桂可為料理增加甜味。

最後灑點辣椒粉增加辣味。

利用番紅花增色。

利用奧勒岡與大蒜去除臭味。

·「殺菌、抗菌」、「整合味道」等其他效果

殺菌、抗菌、防腐作用

香料&香草的精油成分通常具有殺菌、抗菌效果,因此常被當作醋漬或醃漬物等保存食物的防腐食材。

在醋漬物裡放入整株蒔蘿。

整合味道

在料理完成時灑上胡椒,是最典型的例子,但香料&香草的辣末、甜味與香氣可讓料理的味道變得融合。把香料&香草放入料理一起燉煮或翻炒,也能發揮同樣的效果。

最後灑上黑胡椒。

具增加辣味與除臭功效的香料&香草擁有各自的特徵,
以下介紹在不同料理方式下所產生的變化。

增加辣味的香料 & 香草的特徵

辣椒	適合加熱	香氣較弱	辣味持續
胡椒	適合加熱	香氣普通	辣味持續
山椒	普通	香氣強烈	辣味不易持續
生薑	普通	香氣普通	普通
黃芥末	不適合加熱	香氣強烈	辣味不持續
山葵	不適合加熱	香氣強烈	辣味不持續

具除臭效果的香料 & 香草的特徵

以強烈的辛香味掩蓋肉類的腥臭味	肉豆蔻、丁香、肉桂、眾香子
以清新的香氣遮掩腥臭味	芹菜、薑、檸檬香茅、西洋芹
與料理一起烹煮,經實驗證實可除臭	大蒜、洋蔥、蔥
以具除臭效果的成分來除臭	鼠尾草、百里香、奧勒岡

料理時機

料理過程大致可分成事前準備、烹調與收尾三個流程。
想徹底引出香料&香草的效果,何時將其加入料理中則是關鍵。

事前準備	烹調	收尾
除臭 醃漬入味	讓辣味與 香氣滲透	活用 香氣

替肉類或魚類消除腥味,並達到醃漬與增香的效果。在食材上灑香料,再放入油或醬油醃漬,就是食材的事前處理。要讓香氣徹底滲入食材內至少要放置一晚,而想突顯食材原本的風味,只需要醃漬約30分鐘。要讓食材均勻吸收香氣可將香料磨成粉,而要拌入液體食材,製作成醃漬汁時,則建議使用整顆香料或粗研磨的香料。

與食材一同翻炒、燉煮、煎烤等,讓香氣滲入內部。在燉煮等需要長時間料理的情況,使用完整的香料可慢慢萃取出精油成分,進而散發出高雅的香氣。新鮮香草一旦加熱就會損失香氣,所以最好使用香氣強烈的種類。百里香與迷迭香等具有強烈清涼感與苦味,所以可隨個人喜好的時間點從鍋中取出。精油成分容易融入酒精,因此當料理添加酒或葡萄酒,將使香氣更明顯。

此時的香料可統整料理的風味,也能成為畫龍點睛的香氣。精油成分通常不耐加熱,因此最好在關火前或料理收尾時使用。使用粉狀的香料可使香氣更突顯。香草則可選擇新鮮的種類,並在調理料理的最後使用,可為料理增加新鮮的香氣。也可以在盛盤後,將香草灑上或放在一旁,讓料理散發出清爽的香味。

為消除肉類的腥味,揉入粉狀香料。

放入新鮮香草燉煮讓料理更具香氣。

為避免損失香氣,關火前才放入香料。

烹調前,先為食材增加香氣。

整顆香料讓香氣慢慢滲透。

收尾時放些新鮮香草做裝飾。

誘出香氣的技巧

香料&香草的精油成分通常具有揮發性，儘管隨著時間表面香氣會慢慢散掉，但內部還殘留精油成分，因此只要利用以下的方法增加表面積或破壞細胞，就能引出香氣。在使用前用以下的方法處理，將可使香氣更強烈且更具效果。

研磨

撕開

拍打

碾碎

胡椒等固體狀的顆粒香料可利用研磨器磨成適當大小，享受其新鮮的香氣。即便是同一種香料，研磨成不同粗細的顆粒，香氣也會不同。大顆粒的香料可用瓶底等碾碎。

月桂葉或泰國青檸（Citrus hystrix）等樹葉可利用手指撕出裂縫，讓獨特的香氣更鮮明。

紫蘇、山椒、薄荷等小葉子可用掌心拍打增加香氣。

羅勒、薄荷等新鮮香草可放入磨缽或盆裡用研磨棒碾碎，即可聞到新鮮的香氣。

以研磨器磨成粗顆粒。

大面積撕開，使香氣散發。

用兩手掌心拍打。

碾碎後，香氣隨即釋放。

加熱

讓香氣滲入油裡

加熱讓大蒜的香氣滲入油裡，其餘新鮮香草或顆粒狀的香料也能利用同樣的方法轉移香氣。

以小火慢慢加熱，在香料焦掉前取出。

乾煎

顆粒狀的孜然放入鍋裡乾煎，或與食材一起加熱，都能突顯食材的香氣。

使用前先乾煎，使香氣更突顯。

與食材搭配

雖然每個人對香氣各有喜好，味覺的感受也不同，但要煮出美味的香料&香草料理，關鍵就在與特性相當的食材搭配。

・了解與香氣與搭配性俱佳的食材

本書介紹的香料&香草都附有下列的香氣圖表與食材搭配性圖表。香氣的特徵分為香甜、清爽、濃郁、特殊香氣、刺激。而搭配性則分成蔬菜、海鮮、肉類、水果、甜點・麵包，都可分成五類。希望這個圖表能讓大家了解香氣的特徵及與食材的搭配性。

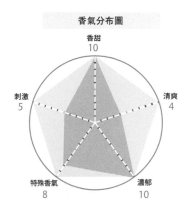

香氣分布圖

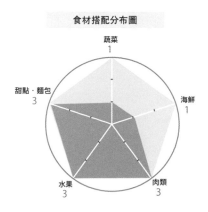

食材搭配分布圖

●圖表範例（丁香）

從丁香的香氣圖表可以發現，濃郁占10分、香甜10分、特殊香氣8分、刺激5分、清爽4分，因此可斷定丁香帶有香甜濃郁的特殊香氣。若從食材搭配分布圖來看，肉類占3分、水果3分、甜點3分、蔬菜1分、海鮮1分，因此也可推測丁香與肉類、水果及甜點較對味。

・與特性相符的食材搭配

擁有馥郁香甜氣味的丁香與鴨肉、牛肉等味道醇厚的肉類極為搭配，除了可以遮掩肉類的腥臭，還能增添強烈香氣。由於丁香與水果也十分對味，所以在煮橘燉鴨肉時，可將整個丁香直接丟到鍋裡使用。香氣濃厚的丁香也很適合為葡萄酒或巧克力增加風味。

根據香料&香草本身的特徵選擇搭配的食材，就能讓料理的味道產生更多元的變化。希望各位讀者能透過本書了解香料&香草的香氣特徵，同時發現更多適合搭配的食材，並將這些知識靈活運用於各類菜單。

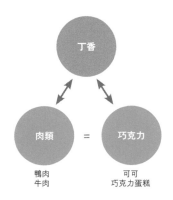

・以香氣類似的香草代替

香氣相似的新鮮香草通常擁有共同的芳香成分，所以與食材的搭配方式也往往大同小異。義大利料理常使用的香草是奧勒岡，但如果手邊剛好沒有，可以利用擁有相同芳香成分的百里香、鼠尾草與馬郁蘭草代替。此外，常用於烤牛肉的辣根雖然具有十字花科特有的辛嗆味，但也可利用辛辣成分類似的芥末醬、山葵、水芹與芝麻菜代替。

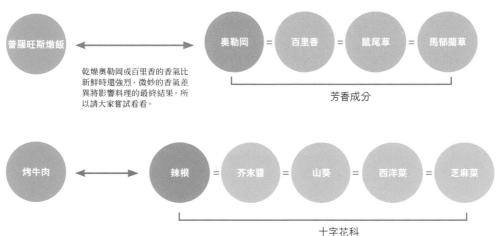

| 普羅旺斯燉飯 | ⟷ | 奧勒岡 | = | 百里香 | = | 鼠尾草 | = | 馬郁蘭草 |

乾燥奧勒岡或百里香的香氣比新鮮時還強烈，微妙的香氣差異將影響料理的最終結果，所以請大家嘗試看看。

芳香成分

| 烤牛肉 | ⟷ | 辣根 | = | 芥末醬 | = | 山葵 | = | 西洋菜 | = | 芝麻菜 |

十字花科

不要過度使用香料 & 香草

要突顯食材的原味，應該從少量開始使用，並且以自己的舌頭細細品嘗後，再逐量增加用量。如果一下子加太多，食材的原味反而會被掩蓋，導致「Over-Spicy」的失敗。

良好的香料保存法

密封後，放在陰暗處保存

香料＆香草的天敵就是溼氣，因為會造成發黴，所以用完後，要快速密封阻絕空氣。此外，香氣與風味也會隨著光線和溫度劣化，所以請將香料＆香草放在低溫陰涼之處保存。也不建議放在冰箱保存，因為拿進拿出之後，香料＆香草容易結霜。

放入密封袋後，放進罐子裡保存。

與調味料搭配

鹽味明顯的湯品加入極少量的胡椒後，胡椒刺激的辣味將使鹽味變得更圓潤，而肉桂搭配砂糖一同使用，砂糖的甜味將被襯托得更為鮮明。利用香料&香草互相交乘與抑制的效果，製作出具有香氣、刺激性、甜味的調味料，就能將這種調味料應用於料理的收尾階段與烹調過程裡。

粉狀香料與鹽混合

 + **鹽**

利用辛香味讓鹽味變圓潤。

花椒鹽　花椒粉 + 鹽
能增加刺激的辣味與香氣。適合用於油炸類料理、雞肉料理及烤蔬菜料理。

薑鹽　薑粉 + 鹽
能增添刺激的香氣。適用於油炸類料理與雞肉料理。

肉桂鹽　肉桂粉 + 鹽
增加香甜風味。用於炸蔬菜與油炸料理。

孜然鹽　孜然粉 + 鹽
很多人將孜然鹽當成沾鹽使用。可用於炙燒或油炸的肉類或蔬菜料理。

香草鹽　乾燥香草 + 鹽
奧勒岡、羅勒、西洋芹這類香草都能增加爽朗的香氣。適用於沙拉與淋醬等。

花椒鹽
材料
鹽……2 大匙
花椒粉……1 小匙

花椒粉

粉狀香料與細砂糖混合

+ **砂糖**

利用甘甜香味引出砂糖的甜味。

茴香糖　茴香粉 + 細砂糖
適用於烘焙甜點、蛋糕等。

肉桂糖　肉桂粉 + 細砂糖
適用於糖漬水果、紅茶、蛋糕等。

香草糖　乾燥香草 + 細砂糖
利用薄荷、迷迭香、薰衣草增添清爽香氣，可用於甜點的修飾等。

香莢蘭糖
將用剩的豆莢與砂糖放入密封的容器裡，讓香氣滲入砂糖裡。適用於甜點等。

茴香粉

茴香糖
材料
細砂糖……4 大匙
茴香粉……1 小匙

放入醋與油裡醃漬

香料&香草與油、酒醋等極對味。由於可萃取出有效成分,所以能輕鬆製作出芳香四溢的香草油或香草醋這類調味液。

＋ 油

香料&香草的香氣來自於精油含有油溶性的成分,與油一同加熱後,就能做成增添香氣的香料油。將香料泡在油裡,讓香氣滲入油裡,即可製作出香草油。

香料油
將辣椒放入麻油後加熱而成的辣油或蔥油,就是最具代表性的香料油。
一般作法是先將香料及調味料放入油中加熱,並在燒焦前取出,但也可以將熱到冒泡的油直接淋在香料或調味料上,然後在香料與調味料焦掉前將油濾出。很適合用在料理收尾階段,以增加香氣。

香草油
將羅勒、迷迭香、小茴香、百里香等香氣十足的香料或香草放入橄欖油中醃漬,香氣會慢慢滲入油裡。適合用於料理的收尾階段,也能用來製作淋醬。

將大蒜、迷迭香、鼠尾草、小茴香泡在橄欖油裡醃漬。

＋ 醋

香草醋
將新鮮香草放入乾淨的容器後,依個人喜好注入適量的醋。靜置幾天後,就是製作淋醬的重要材料。

將龍艾、細葉芹、蒔蘿、芫荽這類新鮮香草放入喜歡的醋裡醃漬。

讓料理的種類更多元
加分的調味料

光是將香料&香草與醬油或味噌等手邊的調味料調和,就能做出截然不同的香料味。能先製作好備用,讓料理的種類更豐富。

香料 & 香草的減鹽效果
香料&香草的香氣與刺激都能使料理的味道更鮮明,也能更增添風味,所以若是做成沾鹽,就能減少鹽分的攝取。此外,也可減少醃漬時的用鹽量。

＋ 醬油
除了花椒、八角、新鮮生薑等常用於亞洲料理的香料之外,醬油也與孜然或新鮮薄荷等香料&香草十分對味。用剩的紫蘇與蘘荷也能利用這種方法保存。將香料&香草放入容器後,注滿醬油即可。加入少量的味醂與醋也很不錯。

醬油 + 薄荷 + 迷迭香

＋ 味噌
粉狀香料、新鮮香草或蔥末等與味噌調和。除此之外,薄荷、芫荽或檸檬香茅與味噌也很搭。很適合當成熱炒類料理或醬汁的提味料。

味噌 + 生薑 + 新鮮檸檬葉

＋ 美乃滋
將切成末的新鮮香草、調味料或粉狀香料拌入美乃滋裡。若使用以咖哩粉與辣椒粉調製而成的綜合香料粉,就能輕鬆調出味道均衡的調味料。這種調味料很適合當成沾醬或淋醬的基礎調味料。

美乃滋 + 馬郁蘭草 + 迷迭香

25

How to use each spice

Chapter 1

香料&香草圖鑑
與料理的搭配

了解香料 & 香草
就能邂逅嶄新的美味

傘形科的
香料 & 香草

Apiaceae

特殊的強烈香氣

孜然

科名：傘形科
利用部位：種籽
原產地：地中海或中東
學名：*Cuminum cyminum*
英文名稱：Cumin
俗名：馬芹

只要提到「香料」，會讓人立刻想到它，孜然的香氣就是如此個性鮮明。所謂「咖哩的香氣」，其主要的香氣都是來自孜然。據說孜然的原產地在埃及，是最早栽種的香料其中之一，在西元前16世紀的埃及醫學書《埃伯斯紙草文稿》中也有記錄孜然。舉凡印度的綜合香料「什香粉」、中東的塔吉料理、北非的庫斯庫斯、墨西哥的辣肉醬等充滿異國香氣的料理都使用了孜然。由於孜然與葛縷子的種籽形狀相似，所以常被誤認，但孜然的種籽較為細長，香氣也較為濃烈。

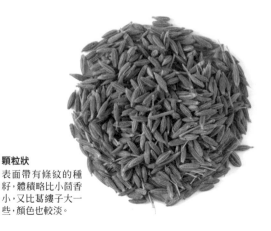

顆粒狀
表面帶有條紋的種籽，體積略比小茴香小，又比葛縷子大一些，顏色也較淡。

粉狀
顆粒狀的孜然非常硬，一般的研磨器可能碾不動，建議直接購買粉狀的孜然，會較方便使用。

功效功能

具有促進消化、促進膽汁分泌、增強食慾等效果。咖哩的香氣之所以能喚醒食慾，恐怕就是孜然的效果。在歐洲中古世紀將孜然當成忠貞的象徵，準備上戰場的騎士會隨時攜帶。

果黑種草
這種香料也被稱為黑孜然，所以常被認為是孜然的同種兄弟，但其實與孜然分屬不同種。這種香料小而細長，氣味十分香甜，在印度被稱黑色小茴香（kalonji），在歐洲則稱為果黑種草（Nigella）。

於食材的應用

香氣特徵

會讓人想起咖哩的淡淡苦味是孜然香氣的特徵。顆粒狀的孜然帶有淡淡如奶油般香甜的青草氣味,比粉狀孜然的香氣強。

使用方法

在中東或印度,孜然屬於咖哩粉的原料之一,也是塔吉料理不可或缺的香料。孜然除了可當成肉類料理的醃漬香料,顆粒狀的孜然在印度料理中常被當成八角使用,在開始烹調的階段先以油加熱,讓香氣滲入油裡。也常用於酸黃瓜的醃漬或拌入甜點與麵包的麵糊裡等,使用範圍相當廣。

香氣分布圖

香甜
3

清爽
5

刺激
0

濃郁
7

特殊香氣
9

食材搭配分布圖

蔬菜
3

甜點‧麵包
1

海鮮
3

水果
0

肉類
3

與蔬菜、根莖類蔬菜、生鮮魚肉、羊肉等腥味較重的食材十分搭配。

 於食譜的應用

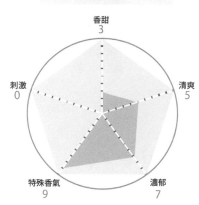

核果與孜然沙拉

煎過的孜然與核果的味道很像,若是與核果搭配,可讓沙拉的風味更好。　p33

櫛瓜鑲肉

孜然粉可消除絞肉的腥味,而煎過的孜然種籽可當成辛香料使用。　p34

 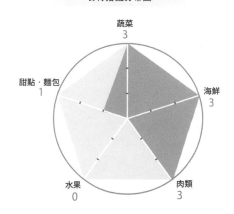

變奏版麻婆豆腐

利用孜然的咖哩香氣烹調出無國籍的麻婆豆腐。　p35

孜然與核果煎過後，再與豆苗攪拌的超簡單食譜。簡單的蔬菜料理因孜然乾煎後的香氣而變得美味。

Chapter 2

核果與孜然沙拉

經過乾煎而增加香氣的孜然與核果更對味，與豆苗混拌後，風味更豐富。

材料　3～4人份
豆苗……1包
（切掉根部會比較容易入口）
洋蔥……1/4顆（切薄片）
橄欖油……1大匙
鹽……1/2小匙
醋……1大匙
顆粒狀的孜然……1大匙
核果……30公克（碾碎）

Point

顆粒狀的孜然煎過後可去除青草味，散發粉狀般的香氣。

作法
1. 豆苗與洋蔥泡水，再將水瀝乾。
2. 將1放入大盆裡，加入橄欖油、鹽與醋，攪拌均勻。
3. 平底鍋裡放入顆粒狀的孜然與核果，以小火煎香，再與2混合均勻。

Point

以橄欖油混拌後再倒入鹽與醋，才不會讓豆苗變得軟爛。

櫛瓜鑲肉

將孜然粉揉入絞肉，當作醃漬香料，完成前，再灑點煎過的整顆孜然。

材料 4根份量

櫛瓜……2 根
（縱切對半）
太白粉……適量
沙拉油……適量

顆粒狀的孜然……1 大匙
新鮮百里香……1 株

A

豬絞肉……150 公克
洋蔥……1/2 顆（切末）
鹽……1.5 小匙
孜然粉……1/2 小匙
太白粉……2 小匙

作法

1. 食材 A 揉拌至產生黏度。
2. 櫛瓜的切面上灑上太白粉，再將分成四等份的 A 塗在櫛瓜上。
3. 在 2 的食材表面抹上一層薄薄沙拉油，放進預熱至 250℃的烤箱烤熟，約烤 30 分鐘。
4. 平底鍋裡放入顆粒狀的孜然，如乾煎芝麻般以小火將孜然煎至焦香，完成後灑在 2 上。
5. 百里香撕成碎片，灑在料理上。

Point
在事前準備時將孜然粉揉進絞肉裡，可去除絞肉的腥味。將孜然用小火加熱，煎出香氣。

變化版麻婆茄子

將孜然、鼠尾草與芫荽拌入豆瓣醬中，做成無國界的滋味。

Point

將孜然粉拌入豆瓣醬，做出變化版的滋味。最後利用新鮮的鼠尾草與芫荽添加強烈的香氣。

材料 3～4人份

茄子……2根
　（先切成兩半，再縱切6等分）
豬絞肉……100公克
沙拉油……3大匙
鹽……1/2小匙
豆瓣醬……1小匙
燒酒……2大匙
水……50 cc

太白粉水……適量

A
鹽……1/2小匙
砂糖……2小匙
孜然粉……2小匙

B
新鮮鼠尾草……5瓣（撕碎）
新鮮的芫荽……3根（切成粗段）

作法

1. 中式炒鍋中倒入沙拉油，待油熱了後，倒入茄子，灑入鹽，拌炒，炒好後取出備用。
2. 將豬絞肉倒入鍋中炒散，將肉腥味炒掉。
3. 倒入豆瓣醬，略炒過，趁豆瓣醬還沒炒焦時倒入燒酒與水，煮沸後倒入A，再以太白粉水勾芡。最後加入B略攪拌。

芫荽

科名：傘形科

利用部位：種籽・葉子

原產地：地中海東部

學名：*Coriandrum sativum* L.

英文名稱：Coriander

俗名：香菜

顆粒狀（摩洛哥產）
每個產地的芫荽形狀各異，摩洛哥產的是球狀，印度產的帶有香甜味道的米狀。

粉狀
香氣較為柔和，也較易壓碎。由於香氣容易逸散，一次少量購買較好。

俗名被稱為香菜的芫荽擁有令人印象深刻的強烈香氣。芫荽的種籽尚未成熟時就擁有與葉子同等的香氣，但完全成熟後，這股香氣轉變成清爽的柑橘香。芫荽的語源為 koris，在希臘語是「蟲子」的意思，想必是古代希臘人覺得芫荽的香氣很像椿象被踩扁時的味道，這應該跟現代大家對它的印象差不多。自從芫荽的種籽在希臘南部的史前時代遺跡被發現後，就被認為它是人類最早使用的香料。一直以來，歷史上對芫荽就多有著墨，例如芫荽在圖坦卡門法老王的墳墓裡是陪葬品，在《一千零一夜》的故事裡則是春藥。芫荽經由波斯進入印度與東南亞，除了成為這些地區的代表性香料之外，也成為墨西哥料理中不可或缺的角色。

功效功能

它是可緩解腹痛的藥，但一般被當作食物。由於它具有殺菌效果，顆粒狀的芫荽常被利用在醃漬料等保存食品上。

新鮮的芫荽

 於食材的應用

香氣特徵

擁有來自 d-芳樟醇（香菜萃取物）的柑橘香與傘形科特有的清涼青草香氣。種籽擁有如檸檬般的微甜辛香。葉子的香氣較種籽強烈，又帶有青草般的清爽芳香。

使用方法

中國、台灣與東南亞都將葉子當成調味料，是必備的香料。一般而言，新鮮的芫荽都是鋪在料理上食用，但也會用於替醬料或調味料增香，例如泰國的咖哩醬或墨西哥的莎莎醬就是如此。中東、印度、南美則常將種籽磨成粉，再與孜然搭配使用。其沉著而優雅的香氣很好利用。在綜合香料裡的占比也通常很高。顆粒狀的芫荽擁有清爽香氣與抗菌效果，醃漬物等的保存液中通常會放入幾顆。

傘形科的香料＆香草

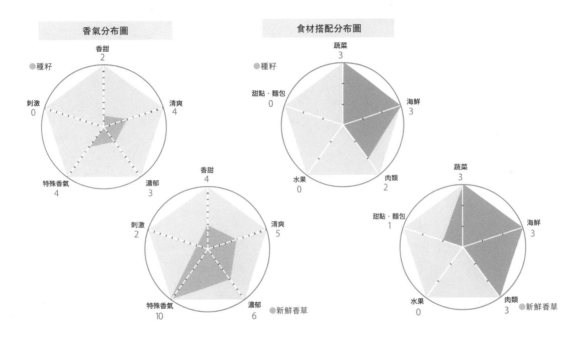

種籽：可與蔬菜、海鮮與肉類搭配。與孜然搭配後，用途更廣。
新鮮香草：可與蔬菜、海鮮與肉類搭配。當要將異國風味香氣作為料理重點時，芫荽便是重要法寶。

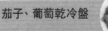 於食譜的應用

茄子、葡萄乾冷盤

與特性相近的孜然、肉桂搭配，可誘出茄子的清甜。　p38

沙嗲雞肉
與特性相近的孜然、肉桂搭配。
芫荽粉的辛香氣可抑制橘子醬的甜膩，讓整道料理的味道更一致。　p39

香菜雞肉丸子湯

將剁碎的芫荽莖部揉入雞肉裡，遮蓋雞肉的腥味，使其更爽口。　p40

胡蘿蔔、橘子、芫荽沙拉
清爽的香氣將胡蘿蔔與橘子的味道統合成一體。　p41

香菜油豆腐

用來佐味的香菜減少油膩感，也能增添異國風味的香氣。　p41

茄子、葡萄乾冷盤

茄子的清甜與芫荽的芳香共譜出柔和的香甜。
這是一道適合與肉類搭配的冷盤料理。

作法
1. 以厚鍋倒入沙拉油加熱後，再倒入瀝乾水的茄子與洋蔥翻炒。
2. 待食材全沾滿油後，倒入A快速攪拌，再加入鹽、白酒、水與葡萄乾。
3. 蓋上鍋蓋，以小火煮20分鐘，直到全煮熟。
4. 放涼後，放入冷箱冷藏。
5. 最後灑點細葉芹與現磨的黑胡椒，吃涼的即可。

Point

由芫荽粉、孜然粉與肉桂粉拌成的綜合香料，將使這道料理的味道更深奧。

材料 3～4人份
茄子……3根
（剝皮後，縱切對半，再縱切成6等分，用水沖過）
洋蔥……1/2顆（切薄片）

鹽……1小匙
沙拉油……1大匙
葡萄乾……2大匙
白酒……2大匙
水……少許

A
芫荽粉……1小撮
孜然粉……1小撮
肉桂粉……1小撮

黑胡椒……適量
新鮮的細葉芹……適量

Point

端上桌之前再把黑胡椒磨成粉，可讓這道料理的甜味更為扎實。

Point

鋪在麵包薄片表面，做成義大利開胃菜的形式也不錯。加入絞肉或鮪魚肉，就能在擔任主角的蔬菜味道裡增添厚實的滋味。

沙嗲雞肉佐芫荽與橘子醬

加入芫荽粉，為橘子醬的甜膩增添清涼感。

材料　2～3人份
雞腿肉……1隻半
　（切成2公分寬的細條）
沙拉油……1大匙
竹籤……適量
新鮮芫荽……適量
洋蔥……1/4顆
　（切成薄片後，泡在水中）

A
鹽……1.5小匙
芫荽粉……1小匙
白胡椒粉……1/2小匙
橘子醬……2大匙
白葡萄……1大匙

作法
1. 在雞肉表面抹上一層食材 A，靜置10分鐘等待醃漬入味。
2. 將步驟 1 的雞肉揉成適合串成一串的圓形。
3. 取一只平底鍋加熱沙拉油，再將雞肉放入鍋中煎，記得別讓雞肉散掉。
4. 將雞肉取出鍋外後，一邊調整形狀一邊以竹籤串成一串，再與新鮮芫荽和洋蔥一同擺盤。

Point

在醃漬液裡加入芫荽粉，讓芫荽的味道滲入雞肉。可為橘子醬的甜膩創造清涼感。

Point

醃漬時，可利用杏桃酸甜醬（參考p. 211）代替橘子醬，也可使用豬肉或魚肉代替雞肉。

香菜雞肉丸子湯

將剁碎的莖部揉入雞肉裡，讓芫荽獨特而強勁的香氣撲鼻而來。

材料　3～4人份

A

雞胸絞肉……150公克
雞腿絞肉……150公克
洋蔥……1/4顆（切末）
鹽……1小匙
太白粉……1大匙
芫荽莖……1把量（切末）
新鮮芫荽……1把量
（將葉子一瓣瓣撕碎後，泡
在冷水裡備用）

B

大蒜……1片
魚露……2大匙
鹽……1小匙
醬油……1小匙
酒……1大匙

Point

每家製造商生產的
魚露都有不同的辛
辣感，需視情況調
整用量。

Point

可利用白肉魚的
魚漿代替雞肉。

Point

經過燉煮的雞肉丸子可
讓湯頭充滿芫荽的香
氣。在烹調收尾時鋪滿
新鮮芫荽，將可釋放出
更為濃郁的香氣。

作法

1. 先將食材 A 拌勻，再捏成一口大小的雞肉丸子。
2. 煮一鍋 800 cc 的熱水，再將步驟1的雞肉丸子輕
   輕地放入水中，記得將浮在湯面的浮沫撈掉，再
   將食材B倒入水中。
3. 持續燉煮20分鐘，直到丸子煮熟，湯頭變成高湯
   為止。
4. 調味後盛盤，最後再鋪上一大把芫荽當裝飾。

胡蘿蔔、橘子、芫荽沙拉

清新的香氣讓胡蘿蔔與橘子的香甜融為一體。

材料 3～4人份
胡蘿蔔……2根
（用起司磨粉器磨成粗泥）
洋蔥……1/4顆（切片）
橘子……1顆（剝皮後，留下果肉）

A
鹽……1/2小匙
芫荽粉……1小匙
砂糖……2小匙
醋……2大匙

橄欖油……2大匙
新鮮西洋芹……適量

作法
1. 將胡蘿蔔、洋蔥、橘子倒入盆子裡。
2. 將食材 A 倒入步驟 1 的食材裡，再輕輕地揉拌，讓醬料與食材揉和。
3. 放至冰箱冷藏數小時，直到醃漬入味為止。
4. 盛盤後，淋點橄欖油，再灑點西洋芹。

Point
粉狀的芫荽很適合為料理添香。拌勻的沙拉可稍微靜置一下，等待香氣融入整道沙拉。

香菜油豆腐

利用充滿辣椒滋味的糖醋醬味與香菜，賦予這道料理亞洲風味。

材料 3～4人份
油豆腐……1塊
（切成方便入口的大小）
沙拉油……2大匙

A
砂糖……2大匙
醋……2大匙
辣椒片……1大匙
水……2大匙
大蒜……1片（切成薄片）

太白粉水……適量
新鮮芫荽……適量

作法
1. 取一只平底鍋加熱沙拉油，再將油豆腐煎至表面金黃，然後先將油豆腐取出鍋外備用。
2. 將食材 A 倒入平底鍋煮沸，再以太白粉水勾芡，製作成大蒜糖醋醬。
3. 迅速地將步驟 2 的醬汁淋在油豆腐表面，再將油豆腐盛盤。擺上新鮮芫荽裝飾。

大蒜糖醋醬
可讓油豆腐、薩摩炸、炸春捲這類油炸食物變得清爽，是一種與芫荽非常對味的醬汁，也能賦予整道料理亞洲風味。

41

小茴香

顆粒狀

科名：**傘形科**

利用部位：**果實（種籽）・葉子**

原產地：地中海沿岸

學名：*Foeniculum vulgare*

英文名稱：Fennel

俗名：茴香

粉狀

馬德拉島上有一處名為「豐沙爾」（Fennel）的都市。在大航海時代的葡萄牙人發現了這座島，也在島上對野生的小茴香深深著迷，小茴香也因而得名。據說小茴香那香甜而清爽的香氣與葉子於風中搖曳的婀娜姿態，讓這些航海家完全擺脫了疲勞與恐懼。歐洲常將小茴香用於魚類料理，例如魚清湯，淋在魚上的醬汁或是鹽漬魚肉都是很典型的例子，但義大利則常用於豬肉，或替義式茴香臘腸增香，也屬於中東常見的香料，伊拉克還常與果黑種草一同揉入麵包裡。

新鮮香草
與蒔蘿的形狀相似，卻比較纖細，所以也比較容易腐壞。

功效功能

自古以來小茴香就被當成緩解胃痛、胃脹氣的樂物，印度還將小茴香放在口中咀嚼，利用香氣預防口臭。據說精油成分t-茴香醚與女性賀爾蒙具有類似的功效。

傘形科的香料＆香草

於食材的應用

香氣特徵

具有類似孜然的咖哩香氣，以及近似於茴香的香甜氣味。香氣雖然沉穩而不刺激，但千萬別過度使用，否則會使甜味過於突顯。葉子比種籽擁有強烈的香甜氣味，也擁有爽朗與自然的香氣，甜味也與種籽接近，一經咀嚼，就能嘗到類似咖哩的味道。

使用方法

小茴香粉通常當成調製咖哩粉的基礎香料使用。由於擁有較為沉穩的香氣，所以通常會少量調入綜合香料裡。與魚類或蔬菜料理都十分搭配。新鮮香草形態的小茴香常用來製作淋在魚肉上的醬汁以及佐味料，也因美麗的外觀而被當成料理的裝飾品使用。

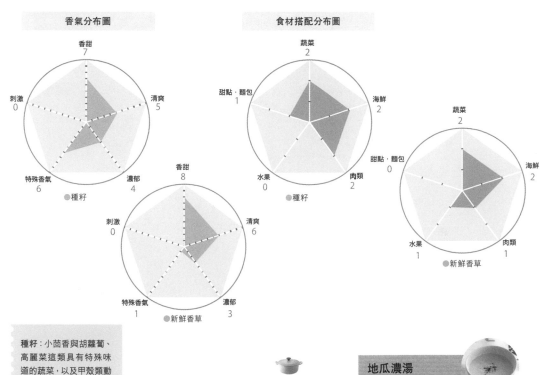

香氣分布圖（種籽）

- 香甜 7
- 清爽 5
- 濃郁 4
- 特殊香氣 6
- 刺激 0

香氣分布圖（新鮮香草）

- 香甜 8
- 清爽 6
- 濃郁 3
- 特殊香氣 1
- 刺激 0

食材搭配分布圖（種籽）

- 蔬菜 2
- 海鮮 2
- 肉類 2
- 水果 0
- 甜點・麵包 1

食材搭配分布圖（新鮮香草）

- 蔬菜 2
- 海鮮 2
- 肉類 1
- 水果 1
- 甜點・麵包 0

種籽：小茴香與胡蘿蔔、高麗菜這類具有特殊味道的蔬菜，以及甲殼類動物都很對味。
新鮮香草：與甲殼類、鮭魚、白肉魚生魚片這類海鮮都搭配。

 於食譜的應用

地瓜濃湯

小茴香的香甜可讓地瓜的甜味更為濃郁。

p44

淺蔥與小茴香風味蟹肉餅

小茴香又被稱為魚肉料理的香草，可消除螃蟹的腥味，也能為料理增香。

p45

炸蝦佐小茴香塔塔醬

新鮮香草形態的小茴香香氣可消除蛋的硫黃臭，也讓醬汁的味道更一致。

p46

白蒸雞肉、蘋果與小茴香沙拉

新鮮香草的小茴香讓顏色更加鮮豔，香草也能為沙拉增加爽朗的重點香氣。

p47

地瓜濃湯

加一小撮小茴香粉，讓地瓜的香甜更為鮮明。

Point

小茴香粉的咖哩香氣
與甘藷類的蔬菜也很
搭配。

作法

1. 將食材A倒入鍋裡以小火加熱20分鐘，煮到洋蔥的臭味完全消失。過程中記得撈除浮沫。
2. 待步驟1的食材降溫，與地瓜一同倒入果汁機打成泥。如果打不太勻，可在此時倒入食材B的牛奶。
3. 將步驟2的食材倒入鍋裡，再將食材B一同倒入。以小火加熱時，記得一邊加熱一邊攪拌，以免煮到焦掉。
4. 將濃湯倒入杯子裡，再灑點小茴香粉當作收尾。

材料　4～5人份

地瓜……1根
（蒸熟後削皮，再切成適當大小）

A

雞高湯……500 cc
洋蔥……1/2顆
鹽……1小匙
小茴香粉……1/2匙

B

鮮奶油……150 cc
牛奶……200 cc
鹽……1小匙
砂糖……少許

小茴香粉……適量

Point

小茴香粉可用於消除洋蔥的
味道。在濃湯完成階段加一
小撮，就能讓類似茴香的香
甜氣味飄然浮現。

淺蔥與小茴香風味蟹肉餅

利用淺蔥與酸橘醋調出日式風味的蟹肉餅。點綴少量的小茴香粉是這道料理的重點。

材料　8個量

馬鈴薯……1顆
（蒸熟後剝皮）

蟹肉……150 公克

鹽……1小匙

太白粉……1小匙

小茴香粉……1/2小匙

麵粉……適量

沙拉油……2大匙

酸橘醋……適量

淺蔥……3根（蔥花）

作法

1. 將蒸熟的馬鈴薯粗篩成泥，再與蟹肉、鹽、太白粉與小茴香粉均勻揉拌。

2. 將步驟 1 的蟹肉泥捏成每個直徑 4 公分的扁平圓片，並在表面抹上薄薄一層的麵粉。

3. 取一只平底鍋加熱沙拉油之後，將蟹肉餅放入鍋中，煎至兩面變色為止。

4. 搭配淺蔥蔥花與酸橘醋一同享用。

Point

這次的重點在於少量使用小茴香粉。只要別讓香料的香氣太過明顯，就非常適合與日式食材搭配。

Point

小茴香擁有替海鮮消除腥味與突顯甜味的效果。

炸蝦佐小茴香塔塔醬

將剁成細末的新鮮小茴香拌入塔塔醬當成提味料使用。

材料　3～4人份
蝦子……8尾
（抹上少許的鹽與白酒）
玉米粉……適量
炸油……適量

A
雞蛋……2顆
（水煮後剝殼，再剁成粗末）
洋蔥……1/4顆
（切末後浸泡在水中，再撈出來瀝
乾水分）
新鮮的小茴香……3根（切成粗段）
鹽……1/2小匙
砂糖……1/2小匙
白酒……1/2小匙

新鮮小茴香……適量

Point

新鮮小茴香的清爽甜
味與甲殼類動物非常
搭配。

作法
1. 在擦乾水氣的蝦子表面抹上一層玉
　米粉，再放入油中炸至酥香。
2. 調勻食材 A，調製成塔塔醬。
3. 將蝦子與塔塔醬一同擺盤，並在一
　旁擺上小茴香點綴。

Point

以玉米粉代替麵粉，可
炸出更為酥香的蝦子。

白蒸雞肉、蘋果與小茴香沙拉

在淋醬摻入大量的新鮮小茴香,以沙拉的方式盡情品嘗香料的滋味。

作法
1. 將食材 A 倒入食物調理機打成粗泥。
2. 將瀝乾水分的蘋果、雞胸肉、新鮮小茴香與步驟1的食材調勻。

材料 4〜5人份
蘋果……1顆
　(滾刀切塊後,泡入鹽水備用)
雞胸肉……1片
　(抹上1/2小匙的鹽,蒸熟,撕成一口大小後,淋上蒸出來的湯汁備用)
新鮮小茴香……5根
　(將莖部較硬的部分剪除,再將葉子撕成一口大小)

A
洋蔥……1/2顆
鹽……1小匙
砂糖……少許
白胡椒……少許
醋……50 cc
橄欖油……50 cc

Point

小茴香的葉子一經搓揉,一股自然的香氣隨即撲鼻而來。

Dill

蒔蘿

科名：傘形科

利用部位：種籽、葉子

原產地：中亞

學名：*Anethum graveolens*

英文名稱：Dill

俗名：洋茴香

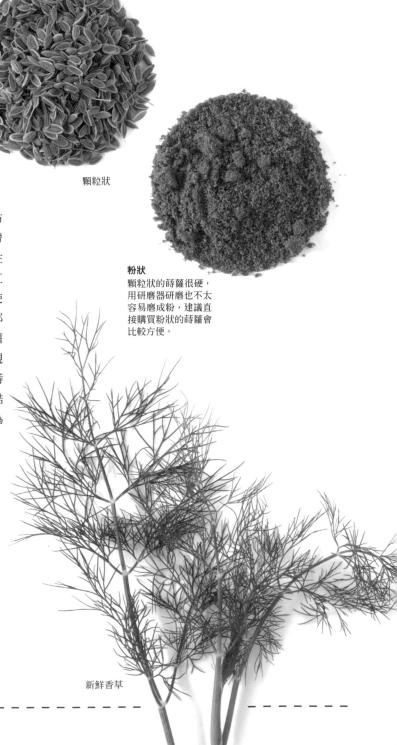

顆粒狀

粉狀
顆粒狀的蒔蘿很硬，
用研磨器研磨也不太
容易磨成粉，建議直
接購買粉狀的蒔蘿會
比較方便。

蒔蘿的香氣十分清新宜人，擁有讓人彷
彿置身森林的效果，北歐與俄羅斯一帶
都常使用。北歐料理之一的醃漬鮭魚佐
蒔蘿的組合已於日本扎根，俄羅斯的紅
甜菜湯（борщ）也將蒔蘿當成提味料使
用。正如蒔蘿（dill）的語源來自斯堪地那
維亞語的「dylla（鎮靜）」，從古至今蒔蘿
都被常成消化鎮靜劑使用。即便到了現
代，gripe water這種兒童糖漿也含有蒔
蘿的成分。雖然蒔蘿與小茴香的外形酷
似，氣味卻不似小茴香香甜，反而是因為
含有西洋芹酮而變得清新。

功效功能

除了消化鎮靜的效果，其檸檬精
油也被認為具有鎮咳效果。

新鮮香草

香氣特徵

擁有清爽而刺激的香氣。其葉子也擁有令人感到泌涼的綠色，種籽則擁有類似芹菜般刺激濃郁的香氣與隱約的嗆辣味。

使用方法

新鮮的蒔蘿幾乎不帶辣味與苦味，純粹就是清爽的涼快感，使用時，可直接剁碎放入湯品或沙拉，也能替海鮮類料理提味，同時與帶有酸味的優格或美乃滋也對味。將蒔蘿嫩葉放在醋裡醃漬數日製成的蒔蘿醋可當成淋醬使用，也常因美麗的外觀而被人當成料理的裝飾。蒔蘿於顆粒狀的情況下比新鮮香草的還擁有強烈的香氣，所以比較適合用於需要加熱的料理，而且也與醋漬的蔬菜極為合拍，將顆粒狀的蒔蘿加入醋裡，其爽朗的香氣將滲入醋裡。

於食材的應用

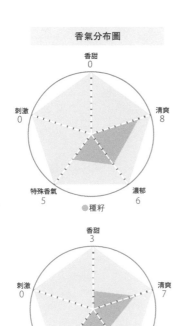

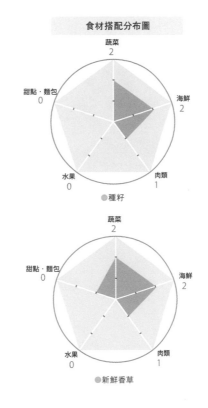

種籽：與酸黃瓜或其他具酸味的醋漬品十分搭配。
新鮮香草：適合加在海鮮類與白醬類料理。

於食譜的應用

法式油煎鮭魚佐蒔蘿優格醬
利用新鮮蒔蘿消除魚腥味，增添另一股清涼感。 p50

海瓜子巧達湯
利用新鮮蒔蘿的爽朗香氣讓乳製品獨特的味道變得更為一致。 p51

醋漬小黃瓜
將顆粒狀的蒔蘿放入醋裡醃漬，再利用這種醋醃漬小黃瓜，讓小黃瓜的青澀味因此消失且添入另一股清新的香氣。 p51

法式油煎鮭魚佐蒔蘿優格醬

使用具清涼感的蒔蘿製作優格醬，營造來自北歐的滋味。

Point

優格醬除了可用於鮭魚或鱈魚，也可用於雞肉或水煮蔬菜。

材料 3～4人份
秋季鮭魚片……2片
（切成一口大小後，在表面抹上一層薄鹽，再將滲出來的水氣擦乾）
麵粉……適量

A
洋蔥……1/4顆（切末）
新鮮蒔蘿……2根（切末）
鹽……1/2小匙
砂糖……少許
小豆蔻粉……少許
優格……2大匙
美乃滋……1大匙

新鮮蒔蘿……適量

作法

1. 在鮭魚表面薄薄撲上一層麵粉，再以中火煎至鬆軟。
2. 將食材 A 調成醬汁。
3. 將步驟 2 的醬汁淋在煎好的鮭魚，並在一旁灑上新鮮的蒔蘿。

Point

醬汁摻有切末的新鮮蒔蘿。小豆蔻粉可帶來清新的香氣，讓優格醬變得更清爽。

海瓜子巧達湯

將新鮮蒔蘿末梢較細嫩的部分撕下來，當作料理的裝飾使用。

材料　3～4人份
海瓜子……1包（吐砂）
馬鈴薯……1/2顆（切成1公
　分丁狀）
鹽……少許
奶油……10 公克
白酒……2大匙
鮮奶油……50 cc

新鮮蒔蘿……2根

Point
也可將義大利麵
拌入這道料理。

作法
1. 取一只平底鍋加熱奶油，再倒入灑了少
　許鹽的馬鈴薯丁油煎，煎熟後，取出鍋
　外備用。
2. 在同一只鍋子倒入海瓜子與白酒，蓋上
　鍋蓋燜煮。
3. 待海瓜子開口後，將馬鈴薯倒回鍋裡，
　再倒入鮮奶油煮到稍微冒泡為止。
4. 將鍋中食材盛入盤中，再灑點蒔蘿當作
　裝飾。

Point
摘除蒔蘿的莖部，只留
下最柔軟的部分。摘除
的莖部可於湯品或燉煮
類料理使用。

醋漬小黃瓜 　以全穀的蒔蘿添香，料理出口味清淡的小黃瓜。

材料
小黃瓜……3根
　（切成容器的大小）

A
鹽……1小撮
顆粒狀的蒔蘿……1/2小匙
醋……200 cc
水……50 cc

作法
1. 將小黃瓜放入保鮮容器裡。
2. 將食材 A 調和後倒入容器裡，再放至
　冰箱冷藏一天，讓小黃瓜醃漬入味。

Point
也可與顆粒狀的芫
荽、芥菜種籽、辣
椒一同醃漬。

Point
全穀形狀的蒔蘿可透過
本身的爽朗香氣遮蓋小
黃瓜特殊的青澀味。除
了可充當咖哩的裝飾，
切碎的蒔蘿也可摻入塔
塔醬，另外還能當成淋
醬使用。

51

Celery Seed
芹菜籽

科名：傘形科
利用部位：種籽
原產地：南歐
學名：*Apium graveolens*
英文名稱：Celery
俗名：荷蘭鴨兒芹

芹菜籽是一種為人熟知的蔬菜，
擁有特殊的青澀香氣，與番茄的
適性極佳，拌入番茄醬可創造更
為豐盈的滋味，也可當成基本的
調味品使用。芹菜的品種繁多，
例如被認為最接近原種的葉芹
（leaf celery、soup celery），以
及根部為可食用性的根芹菜，都
屬於芹菜的一種。

Anise
茴香

科名：傘形科
利用部位：種籽
原產地：地中海東部
學名：*Pimpinella anisum*
英文名稱：Anise
俗名：西洋茴香、歐洲大茴香

原產於地中海沿岸、歐洲，尤其
是法國常用於糖果或利口酒的
製作。甜甜的滋味與柔和的清
涼香氣，讓它成為一種用途廣泛
的香料，也很容易與風味纖細
的烘焙甜點與蝦子、螃蟹這類
甲殼類動物或水果搭配，同時可
為香草茶或香料茶營造溫潤的
風味。有時候也會在料理裡摻
一點法國茴香酒或茴香酒這類
散發茴香氣味的利口酒。

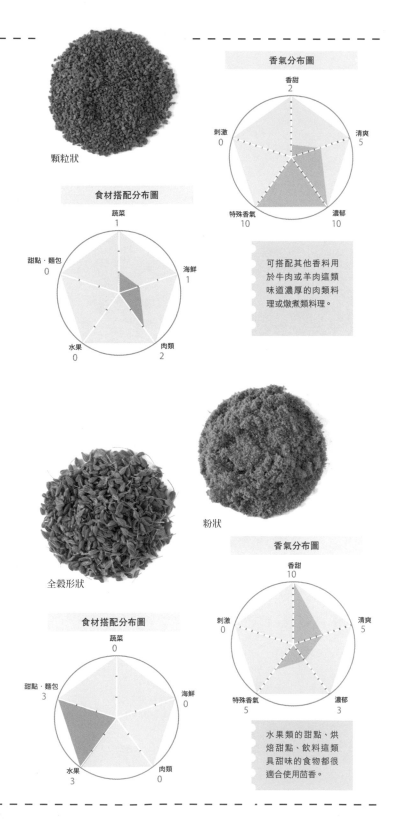

顆粒狀

香氣分布圖
香甜 2
刺激 0
清爽 5
特殊香氣 10
濃郁 10

食材搭配分布圖
蔬菜 1
甜點・麵包 0
海鮮 1
水果 0
肉類 2

可搭配其他香料用
於牛肉或羊肉這類
味道濃厚的肉類料
理或燉煮類料理。

全穀形狀

粉狀

香氣分布圖
香甜 10
刺激 0
清爽 5
特殊香氣 5
濃郁 3

食材搭配分布圖
蔬菜 0
甜點・麵包 3
海鮮 0
水果 3
肉類 0

水果類的甜點、烘
焙甜點、飲料這類
具甜味的食物都很
適合使用茴香。

Caraway
葛縷子

科名：傘形科
利用部位：果實（種籽）
原產地：西亞
學名：*Carum carvi*
英文名稱：Caraway
俗名：貢蒿

全穀形狀

德國與荷蘭常將葛縷子拌入起司或麵包使用。核果類的滋味與相似於茴香的甘甜香氣是其特徵，與高麗菜十分搭配，因此常搭配杜松子製作酸菜。地中海沿岸與北非常於燉煮蔬菜時使用，而印度則常與孜然混拌。

粉狀

可揉入甜點或麵包的麵糊，增添核果類的香氣。

香氣分布圖

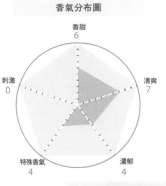

香甜 6
清爽 7
濃郁 4
特殊香氣 4
刺激 0

食材搭配分布圖

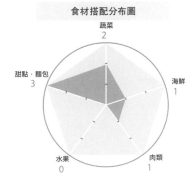

蔬菜 2
海鮮 1
肉類 1
水果 0
甜點・麵包 3

香氣分布圖

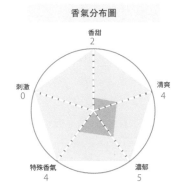

香甜 2
清爽 4
濃郁 5
特殊香氣 4
刺激 0

顆粒狀

Ajowan
印度藏茴香籽

科名：傘形科
利用部位：種籽（果實）
原產地：北非
學名：*Trachyspermum ammi*
英文名稱：Ajowan
俗名：香旱芹果實

原產於印度，可用來替麵包或核果增添風味，也常於根莖類蔬菜或豆子的燉煮類料理使用。一經碾磨，就帶有與百里香類似的強烈香氣與苦味，所以需要控制用量。灑在水果或沙拉上的印度綜合香料恰奇恰瑪撒拉也包含一定比例的印度藏茴香籽。

食材搭配分布圖

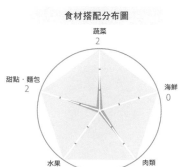

蔬菜 2
海鮮 0
肉類 2
水果 0
甜點・麵包 2

可少量用於替風味鮮明的肉類料理提味。

Cerfeuil
細葉芹

科名：傘形科
利用部位：莖、葉
原產地：歐洲、西亞
學名：*Anthriscus cerefolium*
英文名稱：Chervil
俗名：山蘿蔔、茴芹

細葉芹在法國、德國與荷蘭都被認為是告知春天來臨的食材，明媚而纖細的香甜氣息，常被當成蛋糕的裝飾。與龍艾或蝦夷蔥這類香氣優雅的香草搭配後，可組成常用於蛋類料理、魚類料理的法式綜合香料。一經加熱，香氣就會逸散。

新鮮香草

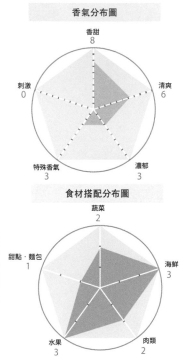

香氣分布圖

香甜 8
清爽 6
濃郁
特殊香氣 3
刺激 0

食材搭配分布圖

蔬菜 2
海鮮 3
肉類 2
水果 3
甜點・麵包 1

可當成各種料理的裝飾，也能用於水果沙拉。

Parsley
西洋芹

科名：傘形科
利用部位：莖葉
原產地：地中海沿岸
學名：*Petroselinum crispum*
英文名稱：Parsley
俗名：西洋芹香

香氣分布圖

香甜 2
清爽 4
濃郁 5
特殊香氣 5
刺激 2

食材搭配分布圖

蔬菜 3
海鮮 3
肉類 3
水果 1
甜點・麵包 1

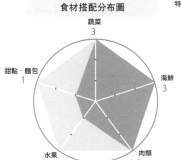

可用於沙拉、燉煮類料理、燒烤料理。也可當成為料理收尾的提味料。

西洋芹擁有毫無異味的清爽香氣，可廣泛地應用於各種料理。乾燥西洋芹雖然好用，卻缺乏新鮮時的爽朗香氣，台灣常用的是皺葉西洋芹（Curly parsley），但在其他國家也常見到平葉西洋芹（Flat-leaf parsley）的蹤跡，而兩者都常被切成末，為料理增添色彩。莖部比葉子擁有強烈的氣味，所以常被當成香草束的一員使用。

新鮮香草

唇形花科的
香料 & 香草
Labiatae

主要使用的是葉子，擁有清涼感的香氣。

羅勒

科名：唇形花科

利用部位：葉子、種籽

原產地：印度、非洲

學名：*Ocimum basilicum*

英文名稱：Basil

俗名：九層塔

甜羅勒
最流行也常方便使用的品種。其香甜氣息為最大特徵。

紫羅勒
紫羅勒擁有更強烈的香氣，也帶有類似丁香的濃郁香味。

肉桂羅勒
原產於墨西哥，擁有類似香水或肉桂的香氣。

泰國羅勒
常用於泰式料理或越南料理。擁有與胡椒類似的微辣風味。

語源為拉丁語「王」之意的羅勒正如其名，是最常使用的香草之一。在台灣屬於非常受歡迎的香料，品種也非常多樣化。將羅勒種籽泡在水中之後，表面會產生一層膠質，因此在江戶時代傳入日本時，就被當成洗淨眼睛的香草，這也是為什麼日本將羅勒稱為目箒的由來。據說羅勒的原產地為印度，在當地也是獻給印度教之神「毗濕奴」的神聖植物。在義大利料理之中，羅勒也屬於不可或缺的香草之一，除了披薩與義大利麵這兩種料理，舉凡摻有番茄的料理也都少不了它，也常於熱那亞羅勒青醬的製作裡應用。

功效功能

一般認為羅勒除了能止吐，也具有鎮靜的效果，據說也有緩解疲勞的功效。

聖羅勒
野性氣息濃烈，擁有類似薄荷或樟腦的香氣，常於泰式料理使用。

Full*Basil*

唇形花科的香料&香草

於食材的應用

香氣特徵

（甜羅勒）

新鮮甜羅勒葉的熱帶羅勒精油氣味特別香甜，經過乾燥之後，這種香氣也隨之遞減（磨碎後，會散發淡淡香氣），但是唇形花科的香氣也變得強烈。

使用方法

羅勒與番茄、起司、大蒜或橄欖油的適性極佳，其香氣雖然強烈，卻很容易習慣，所以擁有與各種食材搭配的彈性。比起直接加入料理，新鮮的羅勒可先用手撕成碎片，會比較容易發出香氣。若是遇到酸性物質或是加熱就產生褐化現象，所以若重視外觀，就要在這點多加留意。

甜羅勒（乾燥）

羅勒種籽
圖中為羅勒種籽，泡在水裡後，表面會形成一層膠質，常用於甜點的製作。

香氣分布圖

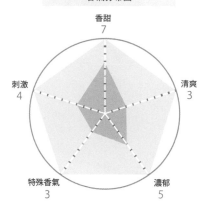

香甜 7
清爽 3
刺激 4
特殊香氣 3
濃郁 5

食材搭配分布圖

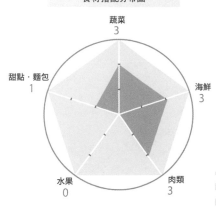

蔬菜 3
甜點·麵包 1
海鮮 3
水果 0
肉類 3

（甜羅勒）
非常適合搭配番茄、茄子這類夏季蔬菜或是肉類。

於食譜的應用

醃漬夏季蔬菜

新鮮羅勒的爽朗香氣，具體呈現了季節感。　p58

檸檬羅勒熱炒雞肉

新鮮羅勒的清爽氣息可讓這道料理的味道更為一致。　p59

醃漬烤茄子

乾燥羅勒可為日式料理增添西式香氣。　p59

57

Full香料&香草圖鑑與料理的搭配

醃漬夏季蔬菜

羅勒撕成碎片後會散發出香甜氣息，香氣也會滲入醃漬液之中。

Point

羅勒這類的香草一遇到醋就會釋放香味成分，因此冷藏一天後，香氣就會滲入醃漬液裡。此外，趁熱倒入醃漬液會讓食材更快與醃漬液融合。

Point

挖除番茄的種籽可讓醃漬液保持透澈不混濁。

材料　3～4人份	A	作法
茄子……1根 （滾刀切塊後泡入水中，再放入熱水迅速汆燙一遍）	醋……150 cc 砂糖……3大匙 鹽……1小匙	1. 準備一個保鮮容器，將茄子、櫛瓜、胡蘿蔔、洋蔥、羅勒、番茄依序疊入。
櫛瓜……1根 （滾刀切塊後，放入熱水迅速汆燙一遍）	白酒……1大匙 粗研磨黑胡椒……少許	2. 將食材A調勻後倒入鍋中加熱，製作成醃漬液。當鹽與砂糖融化，可從火源移開，再從上方倒入蔬菜裡。
胡蘿蔔……1/2根（切成薄片） 洋蔥……1/2顆（切成薄片） 番茄……1顆 （汆燙剝皮後，挖除種籽） 羅勒菜……8片（撕成碎片）		3. 將容器放在冰箱冷藏一天。

檸檬羅勒熱炒雞肉

這道料理的重點在於起鍋之前才加入香氣容易逸散的新鮮羅勒。

材料　3～4人份
雞腿肉……2塊
（切成一口大小後，抹
上2小匙的鹽）
沙拉油……1大匙
檸檬……1顆
（切成梳子狀）
新鮮羅勒……4～5根
（摘除堅韌的莖部，再
將葉子一片片撕碎）

作法
1. 取一只平底鍋加熱沙拉油後倒入雞腿肉。
2. 待雞腿肉幾近熟透時，以餐巾紙將鍋中的多餘油脂吸除，倒入檸檬，再以榨汁的方式，一邊壓擠檸檬一邊翻炒食材。
3. 起鍋前，放入新鮮羅勒，迅速翻炒一遍。
4. 羅勒被炒軟後即可盛盤。

Point

羅勒要先摘除堅硬的莖部，並將葉子一片片撕碎再使用。若是使用具有微辣風味的泰國羅勒，可營造出更為濃厚的異國風味。

醃漬烤茄子　加入芫荽、奧勒岡，醞釀豐富的香氣。

材料　3～4人份
茄子……3根
（整顆烤熟後剝皮，再撕成條）
鴻喜菇……1/2包
（切掉蕈根後，撕開成一朵朵，再放入熱水汆燙）
洋菇……1包
（切掉蕈根後，切成半朵，再放入熱水汆燙）
洋蔥……1/4顆（切成薄片）

A
醋……150 cc
砂糖……3大匙
鹽……1小匙
醬油……1小匙
芫荽粉……1小匙
乾燥奧勒岡……1小撮
乾燥羅勒……1小匙
黑胡椒……少許（粗研磨）

黑胡椒……適量（粗研磨）

作法
1. 將茄子、兩種菇類與洋蔥放入保鮮容器裡。
2. 將調勻的食材 A 倒入鍋中加熱，待鹽與砂糖融化，從蔬菜上方倒入容器裡。
3. 將容器放至冰箱冷藏一天。
4. 盛盤後，灑上現磨的黑胡椒。

Point

盛盤後，可灑點粗研磨的黑胡椒，以微辣的風味替這道料理劃下完美的句點。

Point

乾燥的羅勒與奧勒岡可用手指壓碎，再放入醃漬液裡增加香氣。乾燥的香草比新鮮的更有香氣，所以得稍微控制用量。

Oregano

奧勒岡

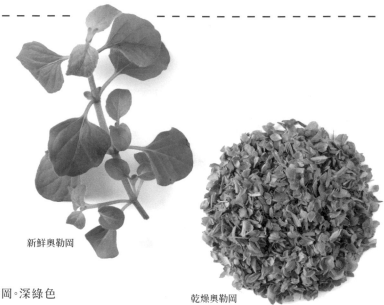

新鮮奧勒岡

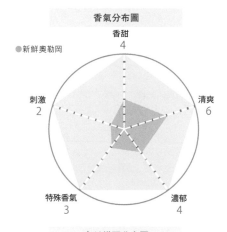

乾燥奧勒岡

科名：唇形花科

利用部位：葉子

原產地：地中海沿岸

學名：*Origanum vulgare*

英文名稱：Oregano

俗名：牛至

這次介紹的是於山林之地野生的奧勒岡。深綠色堅挺的葉子，小巧又茂密的桃色花朵，隨風飄送而來的清涼香氣，完全符合希臘語源「山的歡慶（Orus Ganus）」所描述的意境。奧勒岡除了可鑑賞，也能廣泛地應用於各種料理，而且也因葉子的香氣較花朵濃烈，所以當成辛香料使用時，通常會選擇葉子。其超強的抗菌效果早期也被當成木乃伊製作的重要香辛料之一。

香氣分布圖

● 新鮮奧勒岡

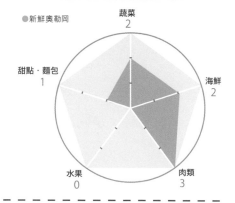

- 香甜 4
- 清爽 6
- 濃郁 4
- 特殊香氣 3
- 刺激 2

於食材的應用

功效功能

精油的主要成分為西洋芹酚，具有強勁的抗菌、抗真菌、抗病毒效果，自古以來認為奧勒岡具有治療咳嗽與氣喘的效果。

香氣特徵

新鮮奧勒岡的香氣清涼而爽朗，其中隱約藏著些許的辛辣味與甜味。乾燥的奧勒岡幾乎不具有香甜的氣味，反而是淡淡的苦味較為突出。

使用方法

燉煮類料理、湯品、醃漬物、烘烤類料理可整枝使用外，將新鮮的奧勒岡葉子撕開，則可當成淋醬、醃漬液、基本調味料使用。乾燥的奧勒岡擁有強烈的香氣，使用時需控制用量。與羅勒相同的是，奧勒岡可用於肉、魚這類食材，也與番茄有不錯的適性。

食材搭配分布圖

● 新鮮奧勒岡

- 蔬菜 2
- 海鮮 2
- 肉類 3
- 水果 0
- 甜點·麵包 1

香氣分布圖

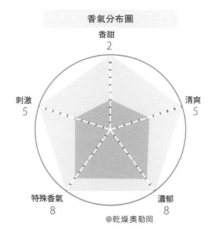

```
        香甜
         2
刺激           清爽
 5             5



特殊香氣      濃郁
  8           8
```

●乾燥奧勒岡

食材搭配分布圖

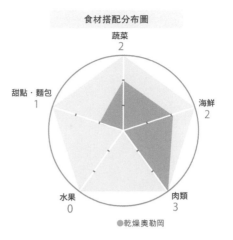

```
        蔬菜
         2
甜點・麵包      海鮮
   1            2



水果          肉類
 0            3
```

●乾燥奧勒岡

於食譜的應用

南瓜葡萄乾沙拉

新鮮奧勒岡的清爽香氣可讓乳製品的濃醇滋味更為厚實。

p61

烤羔羊排

可消除羊肉極為明顯的腥味，讓羊肉更容易入口。

p62

新鮮奧勒岡：可與蔬菜、海鮮與肉類搭配。可在需要淡淡清香時使用。
乾燥奧勒岡：可用於牛、豬這類肉味濃厚的肉類，也與鯖魚或沙丁魚這類青背魚對味。

南瓜葡萄乾沙拉

南瓜與葡萄乾的甜味因新鮮奧勒岡的清涼感而融為一體。

材料　3～4人份
南瓜……1/4顆
（蒸熟後削皮再碾成粗泥）
葡萄乾……2大匙
（放入溫水泡發）
優格……100 cc
（倒在鋪有餐巾紙的篩網上瀝水2小時）

A
鹽……1/2小匙
蜂蜜……1/2小匙
新鮮奧勒岡……1根（摘除堅硬的莖部，並將葉子一片片撕開）

新鮮奧勒岡……適量

作法
1. 將南瓜、葡萄乾、瀝過水的優格與食材A倒入容器裡。
2. 攪拌至食材變得綿滑為止。
3. 盛盤後，點綴奧勒岡。

Point

新鮮奧勒岡可一片片撕開後再拌入南瓜泥。最後也可點綴些許奧勒岡，為沙拉增添色彩與香氣。

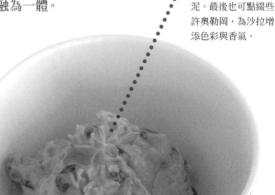

烤羔羊排

灑上剁碎的新鮮奧勒岡，就能消除羊排特有的騷味。

材料　3～4人份
羊腿排……6根
新鮮奧勒岡……4根（切末）
鹽……1小匙
橄欖油……1大匙
大蒜……1片

新鮮奧勒岡……適量

作法
1. 將切碎的新鮮奧勒岡與鹽拌勻，再抹在羊排表面靜置10分鐘醃漬。
2. 取一只平底鍋加熱橄欖油與大蒜，待蒜香逸出鍋外，將羊排放入鍋中油煎。
3. 盛盤後，在一旁擺上奧勒岡當裝飾。

Savory
香薄荷

科名：唇形花科
利用部位：葉子
原地：地中海沿岸
學名：*Satureja* L.
英文名稱：Savory
俗名：風輪菜

香薄荷可分成原產於地中海西部的夏季香薄荷（Satureja. hortensis）與原產於南歐的冬季香薄荷（Satureja. montana）。兩者都與百里香或鼠尾草擁有類似的強烈香氣，但冬季香薄荷的香氣更甚於夏季香薄荷。香薄荷與豆類料理、根莖類蔬菜、羊肉、豬肉或鯖魚這類味道濃郁的食材有著極佳的適性，有時會切成末，抹在食材表面，有時則會用於燉煮類料理。

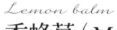
香薄荷

Lemon balm
香蜂草（Melissa）

科名：唇形花科
利用部位：葉子
原產地：南歐
學名：*Melissa officinalis*
英文名稱：Lemon balm
俗名：香水薄荷

主要是以新鮮香草的形式用於泡製香草茶，與檸檬相似的爽朗香氣是最大的特徵。適合替糖漬水果或冰沙這類冰冷的甜點增香。由於香氣不太濃郁也不算特別，所以可大量用於料理。屬於在各種氣候之下都能順利種植的香草之一。

香蜂草

Marjoram

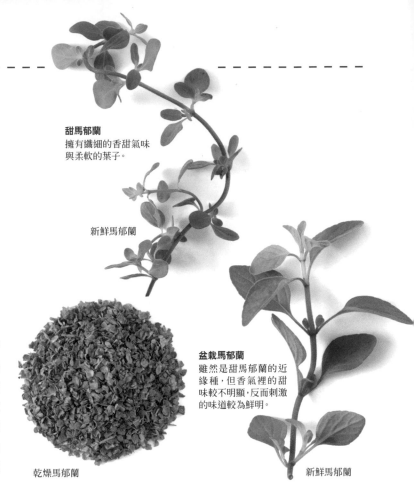

馬郁蘭草

科名：唇形花科

利用部位：葉子

原產地：地中海沿岸

學名：*Origanum majorana*

英文名稱：Marjoram

俗名：無

香氣與形狀都與奧勒岡極為相似，所以曾有段被誤認的歷史，甚至在某些文獻裡也無法判斷究竟所指何物。兩者相較之下，奧勒岡的香氣較為野放而剛實，馬郁蘭草的香氣則較為纖細甜美，兩者有點像是兄妹的關係。奧勒岡適合與紅肉或青背魚搭配，而細膩的蔬菜料理則適合使用馬郁蘭草。

甜馬郁蘭
擁有纖細的香甜氣味與柔軟的葉子。

新鮮馬郁蘭

盆栽馬郁蘭
雖然是甜馬郁蘭的近緣種，但香氣裡的甜味較不明顯，反而刺激的味道較為鮮明。

乾燥馬郁蘭

新鮮馬郁蘭

於食材的應用

功效功能

馬郁蘭草雖不似奧勒岡擁有強勁的抗菌效果，卻擁有強化神經的功效，也被認為具有舒緩身心的效果。

香氣特徵

新鮮的馬郁蘭草同時具有纖細的香甜氣息與淡淡的苦味。經過乾燥後，甜味將比苦味稍微明顯一些。

使用方法

馬郁蘭草如同奧勒岡般常用於義大利料理，也適合與水果、白肉魚或蔬菜搭配。其纖細的香氣容易揮發，所以用於沙拉或料理的收尾階段，會比用在燉煮類料理或烘烤類料理來得適合。剁碎的新鮮馬郁蘭草可加在沙拉裡，也可拌入淋醬，甚至當成裝飾灑在料理表面都不錯。乾燥馬郁蘭草擁有較新鮮馬郁蘭草柔和的香氣，所以不想讓香氣過於明顯時，不妨改用乾燥的馬郁蘭草。

香氣分布圖

香甜 7
刺激 0
清爽 5
特殊香氣 0
濃郁 3

食材搭配分布圖

蔬菜 3
甜點‧麵包 0
海鮮 3
水果 1
肉類 2

馬郁蘭草與蔬菜沙拉、白肉魚、甲殼類動物這類味道溫和的食材都對味。

於食譜的應用

葡萄柚芹菜沙拉
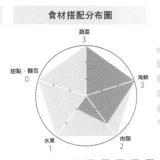

新鮮馬郁蘭草的纖細甜味能綜合蕪菁與芹菜的特殊味道。

p65

葡萄柚芹菜沙拉

在紅寶石色與白色的和諧裡利用新鮮的馬郁蘭草增添香甜氣息。

材料 3～4人份
葡萄柚……2顆
　（剝皮後取出果肉）
芹菜……1根
　（刨掉外層粗糙的纖維後切
　成薄片，泡在水裡備用）
蕪菁……2顆
　（切成銀杏狀的薄片，再抹
　上些許鹽）

洋蔥……1/2顆
　（切成薄片後抹上些許鹽）

醋……少許
橄欖油……適量

新鮮馬郁蘭草……3根

作法
1. 將葡萄柚果肉、芹菜、蕪菁與洋蔥倒入盆子裡。
2. 以醋、橄欖油調和步驟1的食材。
3. 盛盤後，淋點橄欖油添香。
4. 灑點撕碎的馬郁蘭草當裝飾。

Point
使用馬郁蘭草的
時候，可先將莖部
摘除，再將葉子一
片片撕下來。

迷迭香

科名：**唇形花科**

利用部位：**葉子**

原產地：**地中海沿岸**

學名：*Rosmarinus officinalis* L.

英文名稱：Rosemary

俗名：*海洋之露*

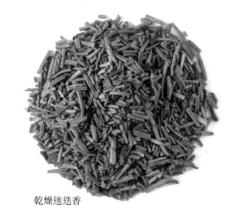

乾燥迷迭香

乾燥迷迭香
擁有強烈的香氣，比新鮮的迷迭香更有藥香味。不管是加在料理裡，還是當成茶葉來喝，都建議少量使用。

迷迭香好生於海邊，其閃爍著藍光的花朵看起來像是水滴，所以又被稱為海洋之露（rosmarinus）。此外，從海克力斯手中逃走的聖母瑪莉亞也躲藏在茂密的迷迭香之中，所以才又被稱為聖母瑪莉亞的玫瑰（Rosemary）。古希臘認為迷迭香是一種幫助腦袋清醒與增強記憶力的植物，但根據現代研究，迷迭香的精油成分桉油醇能促進腦部的血液循環，在歐洲，尤其是義大利最常用於料理，可輕易地為料理增添歐式風味。

於食材的應用

功效功能

在唇形花科的香料之中，被認為特別具有殺菌效果與除臭效果，而且又能刺激腦部血液循環，被認為能有效改善低血壓的症狀。

香氣特徵

清爽的香氣裡藏著微辣的刺激與隱約的甜味。乾燥的迷迭香幾乎沒有甜味，只剩下刺激的風味，也因香氣過於強烈，在用量上需要多加控制。

使用方法

燉煮類料理通常會使用整枝的新鮮迷迭香，但其實也可只放入幾片葉子就好。若是放入整枝的迷迭香，有可能會使香味過於濃烈，建議過程中就將迷迭香取出鍋外。與新鮮的馬郁蘭草、奧勒岡一同剁成末，再與鹽合拌，即可當成醃漬料使用，但還是建議控制用量。熱油後放入整枝迷迭香，讓迷迭香的香氣滲入油裡也是常見的使用方式。迷迭香與肉類、魚肉、乳製品以及蔬菜都擁有極佳的適性。

新鮮的迷迭香與花朵

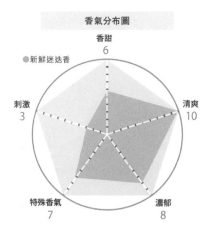

香氣分布圖

●新鮮迷迭香

香甜 6
清爽 10
濃郁 8
特殊香氣 7
刺激 3

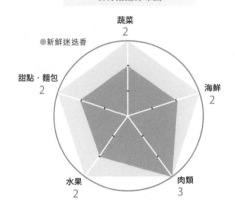

食材搭配分布圖

●新鮮迷迭香

蔬菜 2
海鮮 2
肉類 3
水果 2
甜點・麵包 2

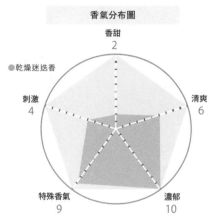

香氣分布圖

●乾燥迷迭香

香甜 2
清爽 6
濃郁 10
特殊香氣 9
刺激 4

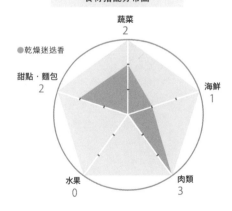

食材搭配分布圖

●乾燥迷迭香

蔬菜 2
海鮮 1
肉類 3
水果 0
甜點・麵包 2

新鮮迷迭香：與油的適性極佳，適合與油炸蔬菜、油脂豐厚的肉類搭配，此外也適合用於醃漬蔬菜或水果酒。

乾燥迷迭香：與味道濃厚的肉類、魚肉對味。由於藥香味濃重，不太適合用於水果。

於食譜的應用

鍋燒地瓜豬肉

拌入新鮮的迷迭香末，可消除肉腥味與增添馨香。

p68

蘋果與白蘿蔔的桃色醬菜

新鮮的迷迭香可營造香甜清爽的香氣。

p69

鍋燒地瓜豬肉

灑點迷迭香之後即可燜煎豬肉。

材料 3～4人份
豬肩里肌（整塊）……300公克
地瓜……小型兩根（直剖成兩半）
鹽……2小匙
大蒜……1片
（切掉嫩芽後，切成3～4等分）

新鮮迷迭香……1/2根（將葉子
撕成碎末）
鹽……2小匙

Point

除了地瓜之外，可改
用馬鈴薯或胡蘿蔔。

作法

1. 在豬肉表面抹鹽，再以餐巾紙包起來，放至冰箱冷
   藏數小時。

2. 拆掉外層的餐巾紙，再以棉線調整豬肉的形狀。

3. 將豬肉和地瓜一併放入小鍋裡，注入50 cc的水，並
   灑入大蒜、鹽與新鮮的迷迭香，最後蓋上鍋蓋。

4. 放入預熱至攝氏180度的烤箱烤1小時，直到豬肉
   與地瓜被燜煎至熟透為止。切塊後即可端上桌。

Point

抹鹽的豬肉在靜置
數小時之後，原有
的腥味與多餘的水
分就會不見。

蘋果與白蘿蔔的桃色醬菜

將迷迭香放入醃漬液，為醬菜增添清爽香氣。

材料 3～4人份

A

白蘿蔔……1/3根（削皮後，切成塊）

蘋果……1/2顆（切成大塊）

蘘荷……6根（直切成梳子狀）

新鮮迷迭香……10瓣（只需葉子）

B

醋……150 cc

砂糖……4大匙

鹽……1小匙

白酒……2大匙

新鮮迷迭香……適量

作法

1. 將食材A倒入保鮮容器裡。
2. 將食材B的醃漬液倒入鍋裡煮沸。待砂糖與鹽融化，從食材A的上方倒入醃漬液，再將保鮮容器放至冰箱數小時，等待味道滲入食材。
3. 拿掉醃漬液裡的迷迭香，再擺上裝飾用的新鮮迷迭香。

Point

為了讓所有食材染上蘘荷的顏色，倒入醃漬液的時候，請倒入所有食材都被淹沒的分量。

Thyme

百里香

科名：唇形花科

利用部位：葉子

原產地：地中海沿岸

學名：*Thymus vulgaris*

英文名稱：thyme

俗名：麝香草

乾燥百里香
與新鮮的百里香相較之下，乾燥的百里香甜味較不明顯，藥香味較為突出。由於香味濃烈且具有特殊的苦味，所以在用量上得有所節制。

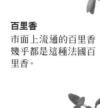

百里香
市面上流通的百里香幾乎都是這種法國百里香。

新鮮百里香

檸檬百里香
具有檸檬香味的百里香，可用於魚肉或雞肉料理，也可用於甜點的製作。

新鮮百里香

走過百里香生長茂密之處，一陣陣麝香立刻撲鼻而來，所以百里香又被稱為麝香草，不過它的香味與真正的麝香不同。若說兩者有何相似之處，就是那濃得快哽住呼吸道的香氣吧。百里香常能吸引蜜蜂接近，所以古代的羅馬人將它與蜜蜂的行動聯想在一起，將百里香當成勇氣與力量的象徵。將泡過百里香的水淋在身上提振士氣或是將百里香繡在手帕上送給士兵的風俗習慣，直到中世紀都還一直存在。

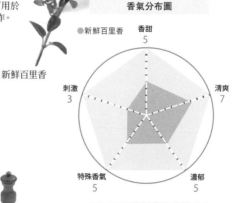

香氣分布圖

● 新鮮百里香

香甜 5
清爽 7
濃郁 5
特殊香氣 5
刺激 3

食材搭配分布圖

● 新鮮百里香

蔬菜 3
海鮮 3
肉類 3
水果 1
甜點‧麵包 1

於食材的應用

功效功能

擁有超強的殺菌、抗菌功能，所以被認為可治療支氣管炎、百日咳這類喉部與胸部的感染症。

香氣特徵

清涼的香氣裡蘊藏著淡淡苦味。新鮮的百里香僅具有些微甜味，有些品種則擁有柑橘香。乾燥的百里香則散發著濃濃的藥香味。

使用方法

即便加熱，香氣也不會就此逸散，所以常用於替魚肉的微波料理去腥，與牛肉或羊肉的料理也有極佳的適性。百里香擁有丹寧酸，與紅酒或巴薩米可醋都非常對味，當成醬汁的提味料也是很棒的選擇。雖然百里香與迷迭香一樣，都可連枝使用，但考慮其強烈的香氣，建議大家還是多加控制用量。

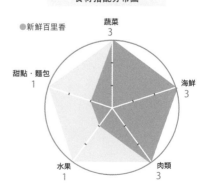

香氣分布圖

●乾燥百里香

香甜
2

刺激　　　　　　清爽
4　　　　　　　4

特殊香氣　　　濃郁
9　　　　　　8

食材搭配分布圖

●乾燥百里香

蔬菜
2

甜點・麵包　　　　海鮮
1　　　　　　　1

水果　　　　　肉類
0　　　　　　3

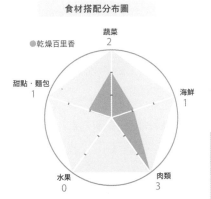

新鮮百里香：雖然可與各種食材搭配，但與根莖類蔬菜或莓果這類顏色深濃的食材更是對味。
乾燥百里香：由於香氣強烈，可少量用於味道濃重的肉類料理。

於食譜的應用

牛排佐百里香藍莓醬汁

百里香除了替牛肉去腥，還讓甜蜜蜜的藍莓醬多了一股清涼的氣味。

p71

牛排佐百里香藍莓醬汁

百里香那充滿野性的香氣，讓甜蜜的藍莓醬味道更為扎實。

材料　3～4人份
牛肉塊……300 公克（灑一小撮鹽，並將滲出來的水氣擦乾）
沙拉油……1大匙
大蒜……1片

A
藍莓……100 公克（冷凍）
水……50 cc
巴薩米可醋……3大匙
砂糖……2大匙
鹽……1小匙
新鮮百里香……3根
　（摘除莖部後，將葉子撕成碎片）
粗研磨黑胡椒……少許

新鮮百里香……適量

作法
1. 取一只平底鍋加熱沙拉油，並放入大蒜爆香，再放入牛肉，煎到喜歡的硬度為止。將牛肉取出鍋外靜置一會兒，再分切成片。
2. 將食材 A 調勻後，倒入同一只鍋子裡，煮至醬汁出現黏稠度為止。
3. 將步驟 2 的醬汁淋在切好的牛肉上，再擺上百里香當裝飾。

Point

若選用乾燥的百里香，建議灑一小撮就好，否則香氣可能過於濃烈。

Sage

鼠尾草

科名：唇形花科
利用部位：葉子
原產地：地中海沿岸
學名：*Salvia officinalis*
英文名稱：Common sage
俗名：撒爾維亞

自古以來，鼠尾草就被當成藥用植物看待，中世紀甚至流傳著「明明院子裡種著鼠尾草，怎麼人還是會死？」的說法，至今英國也還流傳著「想活久一點，就在五月吃鼠尾草」的俗諺。德國與比利時會將鼠尾草用於鰻魚料理，而義大利與地中海沿岸地區也喜歡它那具有清涼感的風味。

藥用鼠尾草
屬於最常見的鼠尾草，葉子會隨著種植環境而有不同的大小。

新鮮鼠尾草

乾燥鼠尾草

鳳梨鼠尾草
最大的特徵就是擁有鳳梨香氣這點，其隱約的香甜氣味，非常適合用來煮香草茶。

新鮮鼠尾草

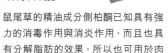
於食材的應用

功效功能

鼠尾草的精油成分側柏酮已知具有強力的消毒作用與消炎作用，而且也具有分解脂肪的效果，所以也可用於肉類料理，唯獨在用量上需要多加斟酌。

香氣特徵

擁有清甜的香氣，也散發著類似香艾的藥香味。乾燥的鼠尾草的香氣不太明顯，建議大家盡可能選用新鮮的鼠尾草。

使用方法

主要可為肉類料理去腥添香，與豬肉特別對味。據説香腸（sausage）也是因為使用了這種香草才擁有相似的英文名稱。最常見的用法就是與肉類料理一同下鍋油煎或是在料理過程中讓香氣滲入橄欖油裡，當然也可在料理收尾時，放入湯汁或醬汁，讓新鮮的香氣滲進去。由於鼠尾草的香氣非常強烈，若用於燉煮類料理，記得途中就得取出鍋外。

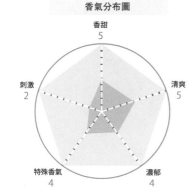

香氣分布圖

香甜 5
清爽 5
濃郁 4
特殊香氣 4
特殊香氣 4
刺激 2

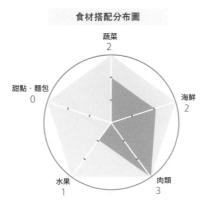

食材搭配分布圖

蔬菜 2
海鮮 2
肉類 3
水果 1
甜點·麵包 0

與奶油燉煮的料理、雞肉、白肉魚這類味道清淡的料理都對味。

於食譜的應用

鼠尾草起司豬肉捲

具有去除肉腥味的效果，讓豬肉捲變得毫不油膩。

p73

鼠尾草起司豬肉捲

類似香艾的鼠尾草香氣可讓豬肉料理變得清爽不油膩。

材料 3～4人份

豬肩里肌片……300 公克
（抹鹽後，將滲出來的水氣擦乾）

半硬質起司……適量
（剛好可包在肉裡的量）

新鮮鼠尾草……2倍於肉片的量

沙拉油……1大匙

新鮮鼠尾草……適量

黑胡椒……少許

作法

1. 在豬肉表面抹上少許的鹽，挑開後，將兩葉鼠尾草與起司包進去，再捲成圓柱狀。
2. 取一只平底鍋加熱沙拉油，放入剛剛捲好的豬肉油煎。要小心別讓豬肉捲散開。
3. 盛盤後，灑點黑胡椒，並在一旁附上鼠尾草。

Point

起司一融化就會
流出，所以要控
制火候。

Point

將鼠尾草捲在豬肉
裡，可讓豬肉增添
爽朗的香氣。

綠薄荷

科名：唇形花科

利用部位：葉子

原產地：地中海沿岸

學名：*Mentha spicata*

英文名稱：Spearmint

俗名：薄荷

綠薄荷
最常使用的薄荷品種，清涼香甜的氣味是最大特徵。

新鮮綠薄荷

綠薄荷的歷史悠久到難以查出起源，是一種自古以來就於全世界生長的香草，而且在日本也被當成盆栽植物而廣受歡迎。品種雖然多元，但最適合用於料理的就是這種綠薄荷。胡椒薄荷是由綠薄荷與水薄荷雜交而生，其強烈的薄荷醇香氣是最大的魅力，而這種獨特的香氣也常用於男性香水的製作。

功效功能

具有分解脂肪與鎮靜的效果，其清涼的香氣據說可提昇專注力。

蘋果薄荷
香氣與蘋果類似的薄荷。

新鮮的蘋果薄荷

胡椒薄荷
具有清涼香氣與隱約的刺激風味。

新鮮的胡椒薄荷

鳳梨薄荷
白斑散發香甜氣味的薄荷。適用於甜點與香草茶的製作。

新鮮的鳳梨薄荷

於食材的應用

乾燥的綠薄荷
幾乎沒有香甜的氣味，只剩下溫和的清涼香氣。

乾燥胡椒薄荷葉
較綠薄荷的清涼感強烈，在用量上要多加控制。由於香氣強烈，可當成提味料少量用於味道濃膩的肉類料理。

香氣特徵

擁有來自薄荷醇的強勁清涼感，與綠薄荷相較之下，香氣與味道之中都藏著甜味。

使用方法

用來泡製香草茶算是最常見的使用方法，但也可當成料理的提味料使用。若想讓味道濃厚的羊肉或油炸類食物變得清爽，可利用薄荷增加清涼的感覺。

可當成具有清涼感的提味料，用於油炸類料理或燉煮類料理的裝飾。與水果也非常對味。

香氣分布圖

香甜 7
清爽 8
刺激 6
特殊香氣 4
濃郁 4

食材搭配分布圖

蔬菜 2
甜點・麵包 1
海鮮 2
水果 3
肉類 3

於食譜的應用

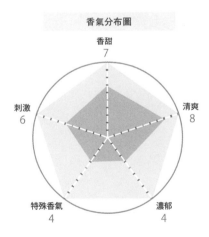

薄荷風味的茄子田樂
新鮮薄荷的清涼感可讓油炸類料理擁有爽口的風味。
p76

哈密瓜薄荷雞尾酒
為發泡酒增添清爽的風味。
p77

乾燒蝦仁佐薄荷與芒果
消除蝦仁腥味，讓甜味明顯的料理更為清爽。
p77

薄荷風味的茄子田樂

在茄子田樂加入爽朗的薄荷風味，營造出無國界的滋味。

材料 3～4人份
茄子……3根
（切成2 公分厚的塊狀，泡入
水中備用）
炸油……適量
鹽……少許

A
八丁味噌……1大匙
白味噌……2大匙
砂糖……4大匙
酒……2大匙

新鮮薄荷……20瓣

作法
1. 將擦乾水氣的茄子放入鍋中油炸，並灑
   入些許的鹽調味。
2. 將食材 A 倒入鍋裡，一邊攪拌一邊煮
   熟，直到整體食材變得光亮後關火。
3. 將茄子擺入盤中，再將步驟2的味噌與薄
   荷鋪在茄子上。

Point

在甜味噌點綴新鮮的薄
荷。薄荷那清爽而刺激
的風味，將讓茄子與甜
味噌那柔和濃醇的甜味
變得更為扎實。

Point

將薄荷加入味道濃厚的
料理裡，就能多些清爽
的風味。味道輕盈的酒
品，例如糖分較低的葡
萄酒或吟釀系列的日本
酒都很適合搭配薄荷。

哈密瓜薄荷雞尾酒

將新鮮的薄荷與細砂糖混拌成糊狀。

材料 2人份
哈密瓜……1/8顆
（去籽削皮後，切成一
口大小）
檸檬汁……少許
新鮮薄荷……10瓣
細砂糖……1大匙
發泡酒……適量

作法
1. 將新鮮薄荷與細砂糖倒入盆子裡，反覆
搗拌，直到變成糊狀為止。
2. 將薄荷糊倒入玻璃杯的底部，再放入哈
密瓜。
3. 淋點檸檬汁，再從上方倒入發泡酒。

Point
以萊姆酒、碳酸
飲料調開薄荷
糊，就成了莫西
多這種調酒。

Point
請盡情享用清
爽感十足的綠
薄荷料理吧。

作法
1. 以水調開麵粉製作麵衣後，將麵衣裹在蝦
子表面，再將蝦子放入鍋中油炸。
2. 將調勻的食材 A 倒入平底鍋煮沸，待鍋中
飄出生薑香氣與辣椒嗆味，倒入太白粉水
勾芡。
3. 將蝦子與芒果倒入平底鍋，一邊翻鍋一邊
快速拌勻食材。
4. 盛盤後，在一旁附上綠薄荷。

乾燒蝦仁佐薄荷與芒果

酸味明顯的乾燒蝦仁配上綠薄荷的清涼感一併品嘗。

材料 3～4人份
蝦子……8尾
（去除頭部、外殼與腸泥，
再抹上鹽與酒）
芒果……1顆
（剝皮後，切成方便入口的
大小）
新鮮綠薄荷……20瓣

麵粉……適量
炸油……適量

A
生薑……1片（薄片）
辣椒末……10塊
鹽……1小匙
砂糖……2大匙
醋……3大匙

太白粉水……適量

新鮮香草的儲存方法

要讓香草保有新鮮香氣與鮮豔的色澤，
可使用沾水溼濡的餐巾紙。

1.將根部切掉一點，香草會比較容易吸水（瀝過水效果更
佳）。

2.在塑膠盒或保鮮容器鋪上一層沾水溼濡的餐巾紙，再將香
草排在餐巾紙上面，此時記得讓香草的切口碰到餐巾紙，才
能讓香草順利吸收到水分，最後在香草上方鋪一層餐巾紙。

3.放在冰箱保鮮（最好放在蔬果室）。若發現餐巾紙乾掉，可
利用噴霧器補水。

用沾溼的紙巾覆蓋，如乾掉可再以噴霧器補水。

※香草容易受損與腐爛，請溫柔地對待它，別儲存在過於擁擠的位置，也不要
把東西壓在它上面。
※西洋芹或芫荽這類莖部較粗的香草可綁成香草束，再用溼濡的餐巾紙包住
根部，然後依照上述步驟存放。

雜草？香草？

看似路旁的雜草，在某些地區卻被當成香草使用喔。

魚腥草 houttuynia cordata
魚腥草在日本被當成藥草使用，也常被加工成魚腥草茶，但在越南則與其他香草一同用於肉類料理或魚類料
理，也常被切成末加入料理。

酸模（小醋草）Rumex acetosa
由於味道偏酸所以被稱為酸模，是一種常於田裡發現的植物，其桃色的穗非常醒目。歐洲常將酸模加入淋醬
或塔塔醬，利用其酸味調整醬汁味道。

哪邊才是真名？

有些香草在不同的地區各有名稱，容易讓人誤解或混淆。

刺芫荽 Erygium foetidum
芫荽也被稱為 Cilantro，導致 Culantro 這種香草常被誤認為芫荽，再加上還有泰國西洋芹或中國西洋芹這
種別稱，更是令人容易誤會。雖然它們同屬繖形科，但芫荽擁有獨特而強烈的香氣，刺芫荽則具有如香水般
高雅的香氣與苦味。在越南料理裡，常與其他香草一同被當成提味料使用。

菊苣 Cichorium intybus
將經過乾燥處理的根部煮成菊苣咖啡是日本常見的做法，但西式的做法是將葉子加在沙拉裡使用。長得像
小棵白菜的菊苣就是經過軟化的菊苣。法國將菊苣稱為 endive，但英文的 endive 則是指 Cichorium endivia，
其鋸齒狀的葉子常用於沙拉的製作。法文又把這種菊苣稱為 Chicorée，所以才導致後續的混淆。

薑科的
香料 & 香草
Zingiberaceae

感受得到土味的強烈香氣

小豆蔻

科名：薑科

利用部位：豆莢、種籽

原產地：斯里蘭卡、印度

學名：*Elettaria cardamomum*

英文名稱：Cardamon

俗名：綠豆蔻

由於擁有高貴的香氣，所以又被稱為「香料女王」，儘管在希臘羅馬時代就已被引進歐洲，地位卻一直不如丁香或胡椒。經由維京海盜之手傳入北歐後，就常被用於鬆餅或魚料理，其重要性甚至演變成「每到聖誕節，街上各處都能聞到小豆蔻」的程度，可說是北歐料理中不可缺乏的香料之一。綠色豆莢的馬拉巴豆蔻被認為是「正牌的」小豆蔻，而常用於印度料理的黑豆蔻則屬於香氣較為低劣的代用品。

顆粒狀
將豆莢剖開，比較能讓香氣散發出來。

粉狀
顆粒狀的小豆蔻富含纖維，利用研磨機也不太容易碾開，建議直接購買粉狀的小豆蔻。

功效功能

其精油成分被認為抑制發炎與緩和支氣管發炎的效果，常用於消化器官的治療。中國常將其當成養生藥品，印度則用於止咳停喘的治療。

黑豆蔻（尼泊爾豆蔻）
黑豆蔻早期被視為珍貴的香料，但如今已成為印度地區之外少用的香料，有些地區還將這種豆蔻當成劣質品銷售。具有煙燻般的香氣。

顆粒狀

於食材的應用

香氣特徵

清爽的柑橘類香氣之中藏著淡淡的刺激香氣，
擁有類似生薑的香甜氣息，可讓人心神放鬆。

使用方法

磨成粉的小豆蔻可當成咖啡粉使用，也常見於印度料理。除了可去除
肉腥味，也可當成絞肉的醃漬料，或是抹在魚肉表面做成法式油煎料
理。也可以拌入餅乾或蛋糕的麵糊裡增加香氣。顆粒狀的小豆蔻可於
醃漬酸黃瓜的時候加入醃漬液使用，也常用於印度奶茶、香草茶或香
料酒這類飲品。

香氣分布圖

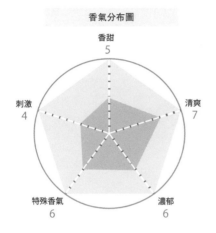

香甜 5
清爽 7
濃郁 6
特殊香氣 6
刺激 4

食材搭配分布圖

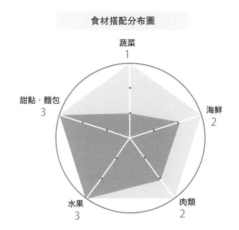

蔬菜 1
海鮮 2
肉類 2
水果 3
甜點·麵包 3

可用於雞肉或白肉魚這類
味道清淡的肉類，與水果或
烘焙甜點也非常對味。

於食譜的應用

檸檬豆蔻蒸雞

顆粒狀的小豆蔻與雞肉
一同蒸煮後，將帶有清
爽的香氣。

p82

北歐式烤旗魚佐
小豆蔻與蒔蘿

新鮮的蒔蘿與粉狀的小豆
蔻拌在一起當成魚肉的醃
漬料使用，可消除魚腥味
又能增加清涼感。

p83

小豆蔻奇異果
優格凍

小豆蔻可緩和乳製品的
臭味，同時增添爽朗的
甜味。

p83

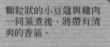

檸檬豆蔻蒸雞

顆粒狀的小豆蔻與雞肉一同蒸煮，為雞肉增添爽朗的香氣。

材料 3～4人份
雞肉……2塊（切成一口大小）
鹽……2大匙
白酒……2大匙
洋蔥……1顆（切片）
檸檬……1顆
（醃漬用，切成2mm厚的圓片）
顆粒狀的小豆蔻……10顆

檸檬……1顆
（切成5mm厚的圓片）
白胡椒……少許
沾鹽……適量

作法
1. 在雞肉表面搓抹鹽與白酒。
2. 將雞肉排入容氣裡，再依序排入檸檬與洋蔥，重複排入2～3次後，靜置數小時等待醃漬入味。
3. 拿掉檸檬，再將雞肉與洋蔥排入耐熱盤裡，再灑點顆粒狀的小豆蔻。
4. 將耐熱盤放入蒸籠裡蒸30分鐘～1小時，直到雞肉被蒸軟為止。
5. 將雞肉與檸檬一同擺盤，再灑上檸檬汁與胡椒。
6. 可視個人喜好擠點檸檬汁，再沾著鹽吃。

Point

檸檬一蒸就會變苦，所以要將醃漬用的檸檬拿掉。

Point

若買不到顆粒狀的小豆蔻，可將粉狀的小豆蔻與少許的鹽一同拌入醃漬液裡醃漬。小豆蔻粉的香氣強烈，使用時需控制用量。

北歐式烤旗魚佐小豆蔻與蒔蘿

用小豆蔻與蒔蘿醃漬出北歐風味。

材料 2人份
旗魚……2片

A
小豆蔻粉……2小撮
鹽……1.5小匙
新鮮蒔蘿……1枝（切末）
大蒜……1片（切薄片）
橄欖油……2大匙

新鮮蒔蘿……適量

作法
1. 將食材 A 與橄欖油抹在旗魚表面，再灑點大蒜醃漬30分鐘。
2. 拿掉大蒜，再取一只鍋子加熱橄欖油，然後將剛剛醃漬的旗魚放入鍋中油煎。
3. 蓋上鍋蓋，轉至中火將旗魚悶煎至鬆軟。
4. 起鍋後，在一旁附上蒔蘿。

Point
加入切成末的蒔蘿可營造爽朗的北歐風味。當成醃漬料使用的蒜頭可於旗魚油煎之前再拿掉。

Point
以中火慢慢煎，在不煎焦的狀態下，將旗魚煎得鬆軟。

小豆蔻奇異果優格凍

小豆蔻的清新香氣可緩和乳製品的臭味，轉換成清爽的口感。

Point
小豆蔻粉可視個人口味調整用量。

材料 2人份
奇異果……3顆
　（去皮、切成一口大小）
優格……200 cc
蛋白……1顆量
鮮奶油……3大匙
砂糖……7大匙
小豆蔻粉……1/2小匙

新鮮的綠薄荷……適量

Point
拌入蛋白後，空氣比較容易進入。如果端上桌的時候太硬，可放在微波爐加熱幾秒，然後再仔細拌勻。

作法
1. 將所有材料放入食物調理機打勻。
2. 倒入容器後，放在冰箱裡半天，等待食材凝固。途中可攪拌3～4次，將空氣拌入食材裡。
3. 端上桌之後，可點綴幾片綠薄荷當裝飾。

生薑

科名：**薑科**

利用部位：**塊莖**

原產地：**熱帶亞洲**

學名：*Zingiber officinale*

英文名稱：Ginger

俗名：生薑

新鮮生薑
香氣較乾燥生薑來得清爽，常於亞洲各國使用。

藉由分割塊莖而繁殖的方法代表生薑已與人類長時間共生的意思，其起源已不可考，最多就是從南島語系包含生薑這個單字的語源來推測原產地而已。南島語系的居民將生薑視為是對大移動有用的香料，如今也已有許多地區使用生薑。可蘭經或中國的飲食療法以及中古世紀的歐洲都認為生薑具有暖和生體的效果，莎士比亞於《亨利五世》一書中也曾在讚美馬匹時使用……「其個性猶如生薑般火辣」的台詞。非洲產的生薑擁有強烈的樟腦香氣，印度產或日本產的生薑則擁有明顯的枸櫞酸香氣。

切塊
切成3～5 mm塊狀的乾燥生薑，可用於香草茶的泡製。由於辣味明顯，可視個人口味酌量使用。

生薑的使用方法
可分成東洋與西洋兩派

許多香料＆香草在東西兩方的使用方法皆不同，而生薑正是其中一種。

東方人自古以來就栽植生薑，並將它視為隨手可得的香料之一，因此常於燉煮類料理、熱炒料理使用，也常將新鮮的生薑當成提味料使用。偶爾也會依照調製咖哩粉的方式加在綜合香料裡，但比起甜點，還是較常用於料理之中。

另一方面，西方人看見的生薑通常是從遠方運來的乾燥生薑，而乾燥的生薑擁有香甜的氣味，可與烘焙甜點或水果搭配，即便到了可隨手取得新鮮生薑的現代，西方人還是習慣將生薑放入砂糖或糖漿醃漬，當成甜點來食用。

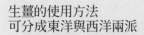 **功效功能**

粉狀

自古以來就拿生薑治療消化不良、嘔吐、感冒、食物中毒這類胃腸的傳染病，也具有促進血液循環與逼汗的效果。

薑科的香料&香草

香氣特徵

擁有塊莖香料特有的根莖香氣以及甜味香料的香氣,其辣味成分薑烯酚在經過乾燥或加熱處理之後隨即產生。

使用方法

歐洲常將生薑用於烘焙甜點的製作,而於料理烹調過程中使用新鮮生薑是亞洲料理的特色,常用來消除魚腥味與肉腥味。

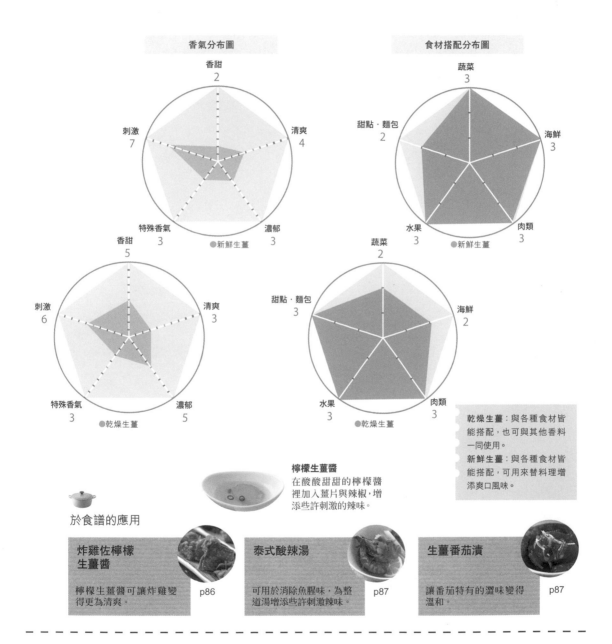

香氣分布圖

香甜
2
刺激　　　　　清爽
7　　　　　　4
特殊香氣　　濃郁
3　　　　　　3
●新鮮生薑

香甜
5
刺激　　　　　清爽
6　　　　　　3
特殊香氣　　濃郁
3　　　　　　5
●乾燥生薑

食材搭配分布圖

蔬菜
3
甜點・麵包　　　海鮮
2　　　　　　3
水果　　　　　肉類
3　　　　　　3
●新鮮生薑

蔬菜
3
甜點・麵包　　　海鮮
3　　　　　　2
水果　　　　　肉類
3　　　　　　3
●乾燥生薑

乾燥生薑:與各種食材皆能搭配,也可與其他香料一同使用。
新鮮生薑:與各種食材皆能搭配,可用來替料理增添爽口風味。

檸檬生薑醬
在酸酸甜甜的檸檬醬裡加入薑片與辣椒,增添些許刺激的辣味。

於食譜的應用

炸雞佐檸檬生薑醬
檸檬生薑醬可讓炸雞變得更為清爽。
p86

泰式酸辣湯
可用於消除魚腥味,為整道湯增添些許刺激辣味。
p87

生薑番茄漬
讓番茄特有的澀味變得溫和。
p87

炸雞佐檸檬生薑醬

先將生薑粉拌鹽是這道料理的關鍵。
以酸甜的檸檬醬決定風味。

材料 4人份
雞肉……2塊
　（切成一口大小）
生薑粉……1/2小匙
　（先與2小匙的鹽拌勻）
酒……1大匙
淡口醬油……少許
太白粉……適量
炸油……適量

A
新鮮生薑……3片
辣椒末……3片
砂糖……3大匙
鹽……1/2小匙
水……100 cc

太白粉水……適量
檸檬汁……適量

新鮮薄荷……適量

Point

炸雞與薄荷一起
吃，可嘗到清爽的
口感。

作法
1. 將生薑粉、酒、淡口醬油搓醃在雞肉
   表面後，讓雞肉靜置30分鐘，等待醃
   漬入味。
2. 在雞肉表面抹上太白粉，再以中高溫
   的炸油炸至金黃色。
3. 將食材A倒入小鍋裡加熱，煮沸至出
   現黏稠度之後，倒入太白粉水勾芡。
   關火前倒入檸檬汁。
4. 將炸雞擺盤，淋上步驟3的醬汁再點
   綴薄荷。

Point

生薑的風味、酸味與甜味
共譜成異國風味。

Point

生薑粉與鹽混拌後，比
較容易抹在雞肉表面。
與淡口醬油一同搓醃，
讓雞肉充分醃漬入味。

泰式酸辣湯

利用生薑的嗆辣味讓泰式酸辣湯變得更清爽。

材料 4人份
帶頭蝦子……8隻
笈白筍……2根
（剝皮後，切成一口大小）

A
大蒜……1片（切薄片）
新鮮生薑……1片（切薄片）
辣椒……1根
新鮮檸檬香茅……1枝（切成短段）
新鮮泰國青檸……2片
蝦醬……1/2小匙
魚露……3大匙
羅望子醬……1小匙
檸檬汁……1大匙
砂糖……少許
新鮮芫荽……適量

作法
1. 將帶殼的蝦子整隻丟入鍋裡，倒入淹沒蝦子的水量後開火加熱。
2. 撈除湯面的浮沫後，將剝皮切成一口大小的笈白筍與食材 A 全部倒入鍋裡。
3. 持續燉煮，直到湯頭燉成高湯，笈白筍完全熟透為止。
4. 與芫荽一同盛入碗中。

Point

生薑可切成薄片之後再使用。加入蝦醬（泰式料用的蝦子發酵調味料）、檸檬香茅與泰國青檸可營造強烈的異國風味。

Point

笈白筍是東南亞常用的食材之一，帶有些許的甜味以及玉米筍的香氣。若買不到這項食材，可用水煮竹筍或杏鮑菇代替。

Point

若覺得不夠鹹，可於最後倒點魚露調味。

Point

將切成絲的生薑與番茄拌勻，讓兩者的香氣融為一體。

生薑番茄漬

薑絲的嗆辣香氣與番茄的酸味可恰到好處地調和。

材料 4人份
番茄……3顆
（切半後去籽，再切成一口大小）
新鮮生薑……1片
（切絲後，留下1小匙的份量）

A
洋蔥……1/8顆（切薄片）
胡蘿蔔……1/4根（切絲）
砂糖……1大匙
鹽……1/2小匙
醋……1大匙
白胡椒……少許

橄欖油……1大匙
新鮮西洋芹……適量

作法
1. 將薑絲與食材 A 拌勻後，靜置等待味道融合。
2. 將番茄倒入步驟 1 的食材，放至冰箱冷藏 1 小時。
3. 食用之前淋一圈橄欖油，並灑一些西洋芹當裝飾。

Point

若使用整顆番茄醃漬，會變得水水的，所以要先將種籽挖除。若希望為這道菜增加份量，可加入白斬雞或鮪魚罐頭。

薑黃

科名：**薑科**
利用部位：**根**
原產地：熱帶亞洲
學名：*Curcuma longa*
英文名稱：Turmeric
俗名：鬱金

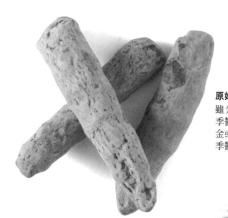

原始形狀
雖分成秋季鬱金與春季鬱金兩種，但提到鬱金或薑黃，指的就是秋季鬱金。

與番紅花同為將料理染成黃色的香料，目前常用於替黃芥末醬或起司這類加工食品染色，但從古代到中世紀的運送費用所費不貲，所以西歐諸國才以等同番紅花的價格交易。薑黃同時也是咖哩的代表香料之一，咖哩的黃色就是來自薑黃。這種香料沒有辣味，帶有隱約的香甜氣息，一旦使用的比例較高，咖哩粉的味道就會變得較為圓潤，不過薑黃本身帶有特殊的土臭味，使用時還是得控制用量。薑黃被當成染料使用的歷史非常久遠，亞洲文化圈也將它應用於各層面。印度或玻里尼西亞各國的宗教儀式或婚喪喜慶儀式都與薑黃息息相關，有些地區認為薑黃可讓女性的肌膚變得光澤透亮，有些地區則將薑黃當成是眾神的食物，可見薑黃在每個地區擁有不同的意義。

粉狀

與奶油、美乃滋或芋頭類蔬菜都很對味。

於食材的應用

香氣特徵

類似牛蒡的土香以及淡淡的香甜味。沒有明顯的辣味。

功效功能

一般認為薑黃具有降低卡路里的效果，也能保護胃與肝臟。雖然直到現代才開始被研究，但自古以來薑黃就被當成是治療肝藏或消化器官疾病的藥材。

使用方法

其色素成分薑黃素可溶於油與酒精，所以常用於熱炒或油炸這類會用到油的料理。薑黃的塊薑非常堅硬，所以通常使用的是粉狀的薑黃。其獨特的香甜特別與根莖類蔬菜或奶類的料理對味，也因為沒有特殊的味道，所以常被當成各類料理的染色料使用。若過量使用，土臭味會過於明顯，使用時得控制用量。

香氣分布圖

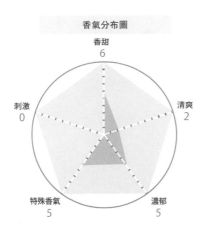

香甜 6
清爽 2
濃郁 5
特殊香氣 5
刺激 0

食材搭配分布圖

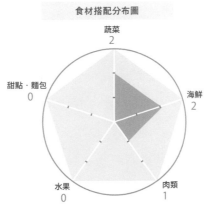

蔬菜 2
海鮮 2
肉類 1
水果 0
甜點·麵包 0

於食譜的應用

薄煎白肉魚佐黃色醬汁

醬汁的顏色可讓整道料理變得鮮豔，也能增添淡淡的香甜氣息。

p89

胡蘿蔔佐黃芥末醬的帕尼尼

香甜的味道讓胡蘿蔔的甜味更加明顯，顏色也更為鮮明。

p90

薄煎白肉魚佐黃色醬汁

在咖哩粉加入薑黃，將醬汁調成圓潤柔和的味道。

材料 2人份

白肉魚
（這次使用的是扁鱈）
……2片
（灑1/2小匙的鹽，並擦乾表面的水氣）
麵粉……適量
沙拉油……適量

A
鮮奶油……3大匙
水……3大匙
鹽……1/2小匙
砂糖……1/2小匙
薑黃粉……2小撮
咖哩粉……1小撮

顆粒黃芥末醬……1小匙
白酒……少許
新鮮義大利西洋芹……適量

作法

1. 在扁鱈的表面拍上麵粉後，在平底鍋鍋底抹一層沙拉油，再將扁鱈放入鍋中以中火煎至膨鬆，然後取出鍋外擺盤。

2. 將食材 A 倒入小鍋裡加熱後，輕輕攪拌，以免煮到冒出泡泡。當醬汁變得黏稠，即可淋在魚肉上。最後再擺上義大利西洋芹當裝飾。

Point

單獨使用薑黃粉會使土臭味過於明顯，加在咖哩粉裡，可以讓咖哩粉的香氣更為一致。

Point

白肉魚可改用鱈魚或比目魚。

胡蘿蔔佐黃芥末醬的帕尼尼

薑黃可為帕尼尼染上刺激食慾的黃色。

材料 2人份
白麵包……2個
（留下一邊，並切成兩半）
胡蘿蔔……1根
馬鈴薯……1/2顆
洋蔥……1/4顆
鹽……少許

A

顆粒黃芥末醬……1小匙
美乃滋……1大匙
鮮奶油……1小匙
薑黃粉……2小撮
鹽……少許
砂糖……1/2小匙

起司絲……4大匙

新鮮迷迭香……適量

作法

1. 將蒸熟的馬鈴薯碾成泥。胡蘿蔔切成短片後蒸熟，再灑上些許鹽。洋蔥切成末，泡入水中去除嗆味，再撈出來瀝乾水分。

2. 將蒸熟的馬鈴薯泥、切成末的洋蔥與食材 A 拌勻後，輕輕拌入胡蘿蔔，避免胡蘿蔔的形狀被破壞。

3. 將起司絲與步驟 2 的胡蘿蔔交互挾入切成兩半的白麵包裡。

4. 將麵包放入帕尼尼機烤出紋路。

5. 將麵包切成兩半後盛盤，再擺一枝迷迭香當裝飾。

Point

起司本身就有鹹味，所以胡蘿蔔的調味可以清淡一些。

十字花科
的香料 & 香草
Brassicaceae

擁有刺激辣味的香氣

Rucola

芝麻菜

科名：十字花科

利用部位：葉子

原產地：地中海沿岸

學名：*Eruca sativa*

英文名稱：Rocket、Arugula

俗名：箭生菜

芝麻菜語源為義大利的 rucola，最大的特徵就是那類似芝麻的迷人香氣，一經咀嚼就會散發十字花科特有的刺激苦味。古代羅馬人也常使用這種香草，伊莉莎白女王時期的英國也應用於各層面，可見歐洲諸國自古以來就知道芝麻菜的存在。

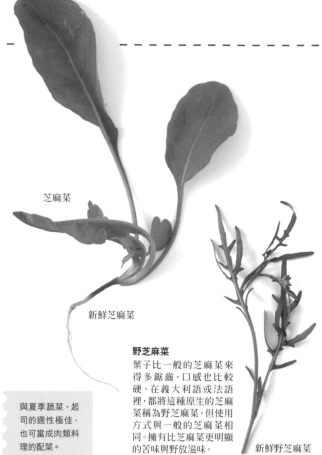

芝麻菜

新鮮芝麻菜

與夏季蔬菜、起司的適性極佳，也可當成肉類料理的配菜。

野芝麻菜
葉子比一般的芝麻菜來得多鋸齒，口感也比較硬。在義大利語或法語裡，都將這種原生的芝麻菜稱為野芝麻菜，但使用方式與一般的芝麻菜相同。擁有比芝麻菜更明顯的苦味與野放滋味。

新鮮野芝麻菜

於食材的應用

功效功能

很少是當成藥草使用，但因為是綠黃色蔬菜，所以富含維他命與礦物質，營養價值極高

香氣特徵

同時擁有猶如芝麻般的清香與菠菜特有的青澀香氣。在口中咀嚼時，可嘗到隱約的刺激與苦味。

使用方法

其微微的刺激滋味可應用在沙拉的製作裡。由於芝麻菜是種帶有苦味的蔬菜，所以能與番茄或其他葉菜類蔬菜搭配。嫩葉的苦味較不明顯，所以可單獨食用。除此之外，芝麻菜與西洋菜一樣都可當作肉類料理的配菜使用。經過加熱後，辣味與苦味都會趨緩，所以能像熱炒青菜的方式烹調。

香氣分布圖

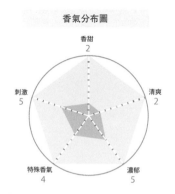

- 香甜 2
- 清爽 2
- 濃郁 5
- 特殊香氣 4
- 刺激 5

食材搭配分布圖

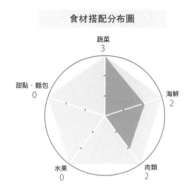

- 蔬菜 3
- 海鮮 2
- 肉類 2
- 水果 0
- 甜點・麵包 0

於食譜的應用

芝麻菜番茄義大利麵
炒熟後，口感就一如蔬菜迷人。

p93

葡萄、核桃、野芝麻菜與起司的義大利開胃菜
將苦味與嗆味當作重點滋味。

p93

芝麻菜番茄義大利麵

成熟番茄與芝麻菜的香氣共同營造這盤
充滿爽朗氣息的夏季義大利麵。

材料 2人份
義大利麵……160公克
番茄……3顆
（以熱水汆燙去皮後，切成粗塊）
芝麻菜……1把
（摘掉根部，切成容易入口的長
度）

橄欖油……2大匙
大蒜……1片（拍裂後，將芽取掉）
鹽……2小匙
白酒……1大匙

黑胡椒……適量

作法
1. 取一只平底鍋加熱橄欖油與大蒜，之後放入番茄，再灑入鹽與
   白酒。以中火燉煮的同時，記得偶爾要加點水，以免鍋裡的食
   材焦掉。
2. 取另一只鍋子汆煮義大利麵。
3. 在義大利麵快煮熟的時候倒入紅醬，再灑入芝麻菜。
4. 快速拌勻後盛盤，再灑點現磨的黑胡椒。

Point

若不是夏季，可改
用小番茄或番茄罐
頭。必要時，可用
砂糖補充甜味。

Point

芝麻菜與紅醬可快速
拌勻。芝麻般的香氣
除了適合生食，稍微
過火一下也很美味。

葡萄、核桃、野芝麻菜與起司的義大利開胃菜

利用野芝麻菜那充滿野性的香氣打造這道時尚的開胃菜。

Point

除了葡萄之外，也可
以改用無花果、柿
子或蘋果，味道都
很不錯。

材料 10片量
棍子麵包……1/2根
葡萄（喜歡的品種）……10顆
起司（喜歡的品項）……80公克
新鮮野芝麻菜……10瓣

作法
1. 將棍子麵包切成片。
2. 將切成容易入口大小的葡萄、起司、
   新鮮野芝麻菜均勻地鋪在麵包片上。

Point

比一般芝麻菜還苦的野
芝麻菜，與起司還有味道
濃郁的肉類都有極佳的適
性。野芝麻菜的葉子容易
腐敗，請趁早使用完。

Cresson

西洋菜

科名：十字花科
利用部位：葉子
原產地：歐洲、中亞
學名：*Nasturtium officinale*
英文名稱：water cress
俗名：豆瓣菜

西洋菜雖源自亞洲與歐洲，但北美也出現了原生種。具有淡淡苦味的西洋菜常被當成生食的蔬菜。最初是於波斯與希臘開始栽植，十六世紀之後德國也開始培植，十九世紀之後連英國也著手種植。就歷史來看，西洋菜算是年紀較輕的一種香草。

香氣分布圖

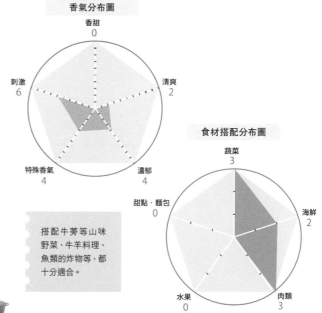

香甜 0
清爽 2
刺激 6
特殊香氣 4
濃郁 4

食材搭配分布圖

蔬菜 3
海鮮 2
甜點・麵包 0
肉類 3
水果 0

搭配牛蒡等山味野菜、牛羊料理、魚類的炸物等，都十分適合。

於食材的應用

功效功能

是一種富含維他命與礦物質的綠黃色蔬菜，擁有極高的營養價值。

香氣特徵

與芝麻菜擁有相同的苦味與嗆味，但沒有特別的香氣，只聞得到生鮮蔬菜的青澀香味。

使用方法

其淡淡的刺激味道可用於沙拉。經過加熱後，嗆味與苦味就會中和，可仿照一般蔬菜的方式料理。可與羊肉、牛肉、培根這類味道濃厚的肉類料理搭配。與同是十字花科的芥菜也有極佳的適性。若沙拉加了這項香草，通常會搭配黃芥末醬製作的淋醬。水栽的西洋菜與西洋菜的嫩芽較少苦味，所以也比較容易入口。

於食譜的應用

生牛肉佐大量西洋菜

與味道濃重的肉類料理搭配，可當成提味料使用。

p95

西洋菜牛蒡沙拉

為滿是山珍香氣的根莖類蔬菜增添些許刺激風味。

p95

生牛肉佐大量西洋菜

附上大量具有隱約辣味的西洋菜。

材料　2～3人份

牛肉塊⋯⋯200公克
（這次選用牛腿肉，先在表面
搓醃1/2小鹽，再靜置1小時以
上）
西洋菜⋯⋯1把（切成容易入
口的長度後，浸泡在冷水裡備
用）
洋蔥⋯⋯1/2顆（切成片，再與
西洋菜泡在同一個盆子的冷水
裡）
沙拉油⋯⋯1大匙

A

大蒜⋯⋯1/4片（磨成泥）
醬油⋯⋯2大匙
醋⋯⋯1大匙
顆粒黃芥末醬⋯⋯1小匙
砂糖⋯⋯2小匙
橄欖油⋯⋯1大匙

作法

1. 取一只平底鍋加熱沙拉
   油後，放入牛肉塊，以
   中火加熱1～2分鐘。
2. 當牛肉的表面煎出顏
   色，趁熱包在幾張重疊
   的鋁箔紙裡，靜置20分
   鐘等待牛肉慢慢熟成。
3. 將步驟2的牛肉切成薄
   片擺盤，再鋪上西洋菜
   與洋蔥，然後淋上由食
   材A調和的淋醬。

Point

味道濃重的生牛肉可搭配具
有些許嗆辣風味的西洋菜一
同食用。也可利用山葵或白
蘿蔔泥代替西洋菜。

西洋菜牛蒡沙拉

微苦的刺激風味與充滿山林香氣的根莖類蔬菜是絕配。

Point

西洋菜的嗆辣味與鰻魚
醬非常對味。請在關火
之前再將醋倒入鰻魚醬
裡，才能讓醬汁的味道
變得圓潤柔和。

材料　3～4人份

西洋菜⋯⋯1把（切成容
易入口的長度後，浸泡
在冷水裡備用）
牛蒡⋯⋯1根（刮去外皮
後，以滾刀切塊，再以
醋水汆煮，然後放冷備
用）
大蒜⋯⋯1/2片（摘掉
芽）
橄欖油⋯⋯1小匙
鰻魚⋯⋯2片
醋⋯⋯2大匙

黑胡椒⋯⋯適量

作法

1. 取一只平底鍋加熱橄
   欖油與大蒜，待蒜香
   逸出鍋外加入鰻魚。
2. 以小火加熱至鰻魚融
   化之後再倒醋，然後
   關火。
3. 將西洋菜與牛蒡與步
   驟2的醬汁拌勻，盛
   盤後，灑點現磨的黑
   胡椒。

Mustard

芥菜

科名：十字花科

利用部位：種子

原產地：印度、歐洲

學名：*Brassica juncea*

英文名稱：Mustard

俗名：長年菜、刈菜

黑芥菜籽

白（黃）芥菜籽
可用於酸黃瓜這類食材的保存。在日本被稱為「西式芥菜籽」，也因為擁有持久的辣味而常用於辣椒醬的製作。

芥菜的英文名字Mustard來自拉丁語的「mustum ardens」，其意為辣葡萄汁，與胡椒同是辣味辛香料的代表之一。芥菜可分成褐芥菜、白芥菜、黑芥菜這些種類，而印度料理常用褐芥菜，顆粒狀的芥菜種常被當成放在油裡爆香的香料使用，也常於醋漬蔬菜使用。白芥菜種磨碎後，可摻在咖哩或酸甜醬裡，而顆粒狀的白芥菜種則可替醋漬或油漬類的食物增添風味。

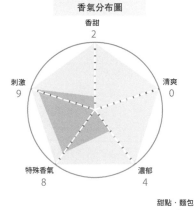

香氣分布圖

- 香甜 2
- 清爽 0
- 濃郁 4
- 特殊香氣 8
- 刺激 9

食材搭配分布圖

- 蔬菜 3
- 海鮮 3
- 肉類 3
- 水果 0
- 甜點‧麵包 0

可與蔬菜、海鮮或肉類搭配。想要讓料理的味道更為一致時，就可使用芥菜種。

於食材的應用

使用方法

可與肉類料理搭配，也可用於涼拌菜或淋醬的製作。與醬油的適性也極佳。

於食譜的應用

黃芥末醬油煎雞肉
以第戎黃芥末醬增加高雅的風味。
p98

厚切培根的馬鈴薯泥沙拉
利用顆粒黃芥末增加風味與色彩。
p98

96

Chapter 2

第戎黃芥末醬
即便法式黃芥末醬的種類繁
多，第戎地區製作的第戎黃芥
末醬仍屬非常有名的商品，主
要的做法是在褐芥菜種粉拌
入白酒與香料，擁有綿滑的口
感與淡雅的酸味與香氣。

Dijon Mustard

英式黃芥末醬
原本的配方是以黑芥菜種
（目前是褐芥菜種）、白芥
菜種、麵粉、薑黃混拌而成
的粉末，現在則是加工成糊
狀的商品。

可搭配料理的各種黃芥末醬

芥菜種也曾於聖經出現，據說古希臘與羅馬
在兩千年前就知道將葡萄汁與芥菜種拌在
一起製作成糊狀的調味料。於中古世紀的
歐洲各地普及後，在法國的第戎地區臻至成
熟。黃芥末醬常是醋與葡萄酒混拌而成的製
品，所以辣味通常不太明顯。

English Mustard

顆粒黃芥末醬
17世紀於法國的莫城
（meaux）地區開始製造，
屬於全穀類型的黃芥末
醬。辣味較第戎黃芥末醬
強烈，有時也會以辣椒增
添辣味。

其他種類的黃芥末醬

波爾多黃芥末醬
在法國，僅次於第戎黃芥末醬使用頻率
的就是波爾多黃芥末醬，由於製作時摻
入了芥菜種的外皮，所以顏色較為深濃。
常以龍艾這類香料或香草調味。

美式黃芥末醬
以白芥菜種製成的黃芥末醬，通常會利
用薑黃潤色，所以鮮豔的黃色是其最大
特徵，常用於熱狗這類的食品。

香檳黃芥末醬（佛羅里達）
主材料是法國香檳地區產的葡萄酒，可
加在烤肉或牛肉蔬菜鍋裡。

Moutard de Meaux

黃芥末醬油煎雞肉

為了保留黃芥末醬那纖細的香氣，得俐落地煮好這道料理。

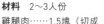

材料 2～3人份

雞腿肉……1.5塊（切成
容易入口的體積後，灑
1小匙鹽）

大蒜……1片（切成兩
半後摘掉芽）

奶油……10公克

A

第戎黃芥末醬……2大匙

白酒……2大匙

鹽……1/2小匙

粗研磨白胡椒……適量

西洋芹……適量

作法

1. 先將食材 A 調勻。
2. 取一只平底鍋加熱奶油與大蒜，待香氣飄出鍋外，以雞皮朝下的方式將雞肉放入鍋子裡，煎到鬆軟為止。
3. 待雞肉裡外熟透後，將步驟 1 的醬汁倒入鍋中，再一邊翻鍋一邊攪拌食材，讓醬汁附在食材表面。
4. 盛盤後，灑點西洋芹當裝飾。

Point

利用雞胸肉代替雞腿肉的話，可在放涼後切成薄片，當成沙拉的配料使用。

Point

第戎黃芥末醬的香氣一遇熱就會開始揮發，所以請快速翻鍋，別讓第戎黃芥末醬被煮得太熟。

厚切培根的馬鈴薯泥沙拉

活用黃芥末醬的酸味，控制美乃滋的用量。

材料 2～3人份

馬鈴薯……1顆（蒸熟後
去皮再碾成粗泥）

培根（塊狀）……100公
克（切成容易入口的體
積）

沙拉油……少許

A

洋蔥……1/4顆（切成末
之後浸泡在水中備用）

顆粒黃芥末醬……1小匙

美乃滋……1大匙

鹽……少許

砂糖……1/2小匙

黑胡椒……少許

作法

1. 趁蒸熱的馬鈴薯泥熱度未退，與食材 A 一同拌勻。
2. 在平底鍋鍋底抹一層沙拉油，再將培根放進去煎到焦熟。
3. 將步驟 1、2 的食材拌在一起，最後灑點現磨的黑胡椒提味。

Point

這次使用的是與培根對味的黃芥末醬。趁馬鈴薯泥餘溫未消趕緊端上桌，將可聞到撲鼻而來的黃芥末醬香氣。

香甜的
香料 & 香草

甜蜜而刺激的芳香

Clove

丁香

科名：桃金孃科

利用部位：花苞

原產地：摩鹿加群島（印尼）

學名：*Eugenia caryophyllata*

英文名稱：Clove

俗名：丁子香

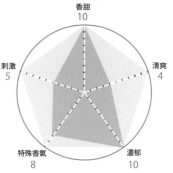

顆粒狀

粉狀

大航海時代的歐洲各國裡，有許多掌握權力的人皆懷著希望尋找前往東洋的航海路線，而背後的原因之一就是為了這種香料。透過阿拉伯與波斯的商人高價引入後，開始於桑吉巴群島大量種植與生產。據說，好生於沿海地帶的丁香所散發的香氣，從海上準備登陸時就能聞得到。丁香通常會在香氣達到頂端時的花苞階段採收，然後經過乾燥的步驟製作。丁香很早就傳入日本，連正倉院的收藏裡也看得到。此外，丁香也是製作線香的香料之一。在台灣，丁香又稱丁子香，而法文名字的clou也源自它那像釘子般的外形。

於鴨肉、牛肉這類味道濃厚的肉類料理非常對味，也可與葡萄酒、巧克力或水果搭配。

於食譜的應用

於食材的應用

功效功能

一般認為具有抗菌、麻醉效果，也可用來治療消化不良與腹痛的症狀。除了可當成口腔清潔液的原料，也能治療嘴破與喉嚨痛。

香氣特徵

主要成分的丁香酚擁有香料之中堪稱濃厚的強烈香氣，聞起來類似香草的香甜氣味之中藏著些許苦澀的感覺。

使用方法

丁香具有強烈的香氣與風味，所以常用於肉類料理，可有效地去除肉腥味，丁香粉除了可揉在絞肉裡，顆粒狀的丁香還能用於燉煮類料理或醃漬類料理。其濃厚的香甜氣息也與烘焙甜點、飲料或西式甜點對味。但也因為香氣過於明顯，使用時必須控制用量。

香氣分布圖

- 香甜 10
- 清爽 4
- 濃郁 10
- 特殊香氣 8
- 刺激 5

食材搭配分布圖

- 蔬菜 1
- 海鮮 1
- 肉類 3
- 水果 3
- 甜點‧麵包 3

烤鴨佐橘子丁香醬

將整顆丁香放入醬汁一同熬煮，增加香甜的氣味。

p101

糖煮櫻桃佐脫水優格

丁香粉可增加香甜滋味，讓櫻桃的風味更為濃郁。

p102

紅酒燉雞肉

利用眾香子、丁香這類與紅酒對味的香料增加香氣，同時也增加濃醇滋味。

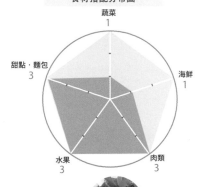

p103

烤鴨佐橘子丁香醬

橘子與丁香這對黃金拍檔讓鴨肉躍升為高級料理。

材料　3～4人份
合鴨胸肉……1片
（將筋切斷後，在鴨皮表面劃入網狀
花刀，接著搓揉1小匙鹽醃漬30分鐘，
再將多餘的水氣擦乾）。
沙拉油……1大匙

A
橘子……2顆
（剝皮後，留下5～6瓣當裝飾，其餘
搾成汁。留下一片橘子皮備用）
白蘭地……1大匙
鹽……1/2小匙
丁香……4顆
百里香（新鮮或乾燥皆可）……1小撮
蜂蜜……2大匙
黑胡椒……少許

新鮮細葉芹……適量

作法
1. 先在平底鍋鍋底抹一層沙拉油，再以鴨皮朝下的方向放入鴨肉。以中火加熱並蓋上鍋蓋燜煎。
2. 翻面，讓另一面也稍微加熱。若鴨肉加熱至還算生的程度，裡面也變得有點熟，就取出鍋外，再以鋁箔紙包起來靜置30分鐘。
3. 將食材A的材料與橘子皮放入小鍋裡煮沸。
4. 待醬汁煮至黏稠，即可將醬汁淋在切片的鴨肉上，並在一旁附上裝飾用的橘子果肉。
5. 點綴些許細葉芹。

Point

鴨肉千萬別煎得太老。橘子皮雖然很香，但放太多反而會出現苦味，所以燉煮的時候只可放入些許搾過汁的橘子皮。

Point

為了不讓香氣濃厚的丁香搶了主角的風采，所以才使用顆粒狀的丁香。若是打算使用丁香粉，請將用量控制在一小撮以內的範圍。

香料＆香草圖鑑與料理的搭配

糖煮櫻桃佐脫水優格

若想讓丁香的香甜更為明顯，不妨直接使用丁香粉。

Point

放入顆粒狀的丁香
一同熬煮，可增加
隱隱的甜味。

材料

優格……400 cc

A

糖漬櫻桃……300公克
紅酒……50 cc
砂糖……6大匙
蜂蜜……2大匙
丁香粉……2小撮

作法

1. 在篩網鋪一層餐巾紙，再
   將優格放在餐巾紙上，然
   後將篩網放在容器上，放
   在冰箱3～4個小時，等待
   優格的水分瀝乾。
2. 將食材 A 倒入鍋裡，再倒
   入櫻桃熬煮20分鐘，直
   到完全入味再拿出來放涼
   備用。
3. 將優格與櫻桃一同盛入盤
   中。

Point

可改用蘋果或乾燥黑棗代
替櫻桃。用剩的櫻桃可放
在保鮮袋裡冷凍保存，之
後可當成水果塔或磅蛋糕
的材料使用。

紅酒燉雞肉

香料的風味將讓整道料理的味道更融為一體。

材料　4～5人份
雞腿肉……2片
（切成一口大小後，在表面抹一
小撮鹽，靜置一會兒，再將滲出
的水分擦乾）
紅酒……適量

A
洋蔥……1顆（切薄片）
洋菇……1包（大朵洋菇需切成兩
半）
杏鮑菇……1包（切成一口大小）
丁香……4顆
眾香子……3顆
乾燥百里香……1小撮
鹽……1小匙
砂糖……1/2小匙

新鮮義大利西洋芹……適量
黑胡椒……適量

作法
1. 將雞腿肉倒入鍋中，再倒入淹
   過雞肉高度的紅酒，然後以中
   火加熱。
2. 煮沸後，撈除表面浮沫，再倒
   入食材A的材料，蓋上鍋蓋燉
   煮30分鐘，直到雞肉變軟為
   止。
3. 盛盤後，點綴些許義大利西洋
   芹，再灑點現磨的黑胡椒。

Point

需長時間燉煮的料理可使
用顆粒狀的丁香。若使用粉
狀的丁香，就請以1小撮為
單位酌量加入，否則丁香的
香氣可能會過於明顯。

Point

雞肉若從常溫開始燉煮，很
容易會出現浮沫，也比較容
易撈除。除了菇類食材，也
可放入牛蒡、胡蘿蔔或芹菜
這類帶有香甜氣味的蔬菜。

肉桂

科名:**樟科**

利用部位:**樹皮**

原產地:斯里蘭卡、南印度

學名:*Cinnamomum zelanicum*

英文名稱:Cinnamon

俗名:桂皮

肉桂在西元的希臘典籍裡就已出現,且自古以來就已使用,卻遲遲不知道產地與採取方法,甚至還出現一隻大鳥從遙遠的國度飛來阿拉伯半島,在當地築巢後,阿拉伯人將牠的巢打下來,採收成肉桂的傳說。不過,從中國傳入日本的肉桂也於正倉院保存著。八橋、肉桂糖這類日式甜點常利用肉桂增加熟悉的香味,而其香甜的氣味也常用於香水的製作,但若是要製作香水,多數會使用從葉子萃取的精油。

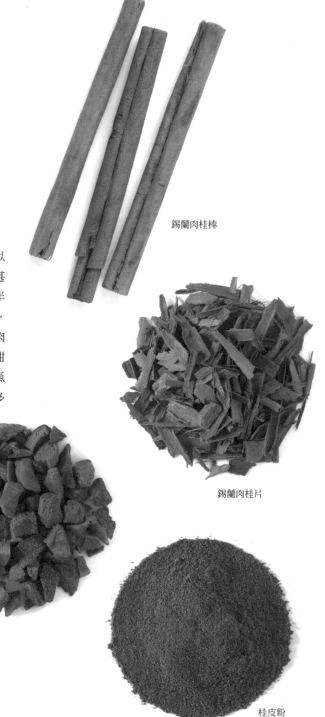

錫蘭肉桂棒

錫蘭肉桂片

桂皮
原產自中國,比錫蘭肉桂的香氣更為香甜濃厚,經過乾燥處理後的花萼可當成香料使用,常用於醋漬料理或糖漬水果裡。

桂皮顆粒

功效功能

具有抗菌、抗真菌效果,也有鎮熱止痛的作用,所以被認為可有效降低血壓與解除燥熱的效果,在中醫裡被認為是一種「壯陽藥」。

桂皮粉

於食材的應用

香氣特徵

散發著爽朗的柑橘香，同時帶有些許甜味與澀味。桂皮則擁有更為濃郁的香氣。

使用方法

肉桂可讓具有甜味的食物或以香甜氣味為特徵的料理更為香甜馥郁，也可與其他香料一同拌入烘焙甜點的麵糊裡，而顆粒狀的肉桂則可與果醬或糖漬水果一同熬煮。肉桂常用於甜點的製作，但與丁香一同揉入絞肉裡，就能替絞肉增加不同的香氣，同時也是咖哩的主要香料之一。

香氣分布圖

香甜
10

清爽
2

刺激
3

特殊香氣
4

濃郁
6

食材搭配分布圖

蔬菜
3

甜點・麵包
3

海鮮
1

水果
3

肉類
2

可與芋頭、蘋果、紅酒、巧克力這類含有香甜氣味的食材搭配。

於食譜的應用

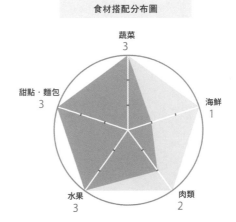

清炸南瓜芋芳佐肉桂鹽

讓鹹味多分香甜，將蔬菜的甜味完全引出。

p106

肉桂蘋果蒸雞

讓蘋果的甜味更明顯，讓雞肉清淡的滋味更加濃醇。

p107

清炸南瓜芋芳佐肉桂鹽

佐上鹹味明顯的肉桂鹽。

材料 3～4人份
南瓜……1/4顆（5mm厚切片）
芋芳……10顆（去皮後，垂直切
成兩半）
炸油……適量

鹽……1小匙
肉桂粉……2小撮

作法
1. 將肉桂粉與鹽拌成肉桂鹽。
2. 將南瓜與芋芳放入預熱至攝
　 氏170度的熱油裡清炸。
3. 將肉桂鹽灑在清炸的南瓜與
　 芋芳上。

Point

肉桂鹽與洋蔥圈、
地瓜天婦羅這類吃
得出甜味的油炸類
蔬菜非常對味。

Point

要吃之前再灑肉桂鹽可保
留肉桂的香氣，也能勾勒
出蔬菜的甜味。肉桂粉與
鹽混拌後，灑的時候才比
較均勻。可選用岩鹽。

肉桂蘋果蒸雞

利用肉桂的香氣醞釀高雅的甜味。附上馬鈴薯泥將使整道料理的味道變得圓融一致。

材料　3～4人份

雞腿肉……2片（切成方便入口的體積）

蘋果……2顆（連皮切成八等分再切掉果核）

馬鈴薯……2顆（蒸熟後去皮）

鮮奶油……80 cc左右

鹽……2小撮

沙拉油……2大匙

A

鹽……2小匙

肉桂粉……2小撮

白酒……2大匙

B

鹽……1/2小匙

肉桂粉……1小撮

新鮮西洋芹……適量

作法

1. 將食材 A 抹在雞肉表面，並將食材 B 抹在蘋果表面，之後靜置10分鐘，等到香料味道滲入食材裡，再拌入沙拉油。

2. 將步驟 1 的食材放入蒸籠，細火慢蒸40～50分鐘，直到雞肉變軟為止。

3. 將餘熱未散的馬鈴薯碾成泥，加入鮮奶油做成馬鈴薯泥，再以鹽調味。

4. 將馬鈴薯泥鋪在盤子上，再將雞肉與蘋果鋪排在馬鈴薯泥上，最後灑點巴西利當裝飾。

Point

將肉桂粉抹在雞肉與蘋果表面增加香氣。在蒸雞肉與蘋果的時候，在表面抹上油，可讓這兩項食材的味道更為濃醇渾厚。

肉豆蔻

科名：**肉豆蔻科**

利用部位：**種籽**

原產地：**東印度群島、摩鹿加群島**

學名：*Myristica fragrans*

英文名稱：Nutmeg

俗名：肉果

肉豆蔻是一種傳說中只能在聞得到熱帶海域香氣之地培植的香料。肉豆蔻和杏桃類似，種籽都藏於紅色果實之中，而包覆在種籽外層的假種皮則是肉豆蔻乾皮。印尼會將肉豆蔻做成糖漬水果，但於市面流通的幾乎都是乾燥的肉豆蔻與肉豆蔻乾皮，而肉豆蔻乾皮又因收成量較少而價格昂貴。

顆粒狀的肉豆蔻

肉豆蔻粉

肉豆蔻乾皮
擁有比肉豆蔻還高雅纖細的香氣。若覺得肉豆蔻的香氣過於霸道，可改用肉豆蔻乾皮。

原始形狀的肉豆蔻乾皮

功效功能

平常用於料理或甜點製作的量不會造成影響，但大量攝取之下會導致人體中毒。一般認為肉豆蔻的精油具有抗菌、緩和發炎症狀的效果，自古以來就當成殺蟲劑使用，也似乎具有催情的效果。

肉豆蔻乾皮粉

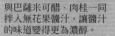於食材的應用

香氣特徵

肉豆蔻與肉豆蔻乾皮都擁有類似胡椒的刺激香氣,同時也具有類似丁香的香甜氣味。

使用方法

肉豆蔻與漢堡、高麗菜捲這類以豬絞肉為主食材的料理擁有極佳的適性,可在事前準備之際,將肉豆蔻揉在肉泥裡。與菠菜、洋蔥、馬鈴薯的適性也極佳,也常與肉桂、丁香一同拌入烘焙甜點的麵糊裡。可酌量拌入胡椒裡或是代替胡椒使用。

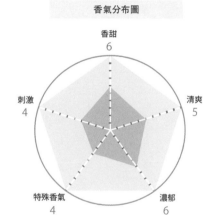

香氣分布圖

香甜 6
清爽 5
濃郁 6
特殊香氣 4
刺激 4

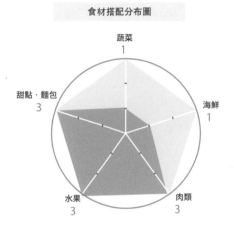

食材搭配分布圖

蔬菜 1
海鮮 1
肉類 3
水果 3
甜點・麵包 3

肉豆蔻與味道濃重的鴨肉、牛肉料理非常對味,也適合紅酒、巧克力、水果搭配。

於食譜的應用

香煎豬肉佐無花果醬汁

與巴薩米可醋、肉桂一同拌入無花果醬汁,讓醬汁的味道變得更為濃醇。

p110

醬油香菇可樂餅

將肉豆蔻揉入絞肉,可消除絞肉的腥味,也能替馬鈴薯增加香甜的氣味。

p111

香蕉磅蛋糕

對香蕉的香甜有畫龍點睛的效果。

p111

香煎豬肉佐無花果醬汁

利用肉豆蔻提味，營造更為深奧的滋味。

材料　2人份
豬肩里肌肉……2片（切斷韌筋）
鹽……1.5小匙
大蒜……1片（切薄片）
新鮮迷迭香……1根（撕成小段）
橄欖油……50 cc

A

無花果……3顆（切成梳子狀）
巴薩米可醋……3大匙
砂糖……1大匙
鹽……1/2小匙
肉豆蔻粉……1小撮
肉桂粉……1小撮

新鮮迷迭香……適量
無花果……適量

作法
1. 在豬肉表面灑點鹽，再鋪上大蒜與迷迭香。
2. 豬肉靜置一會兒後，在表面抹上橄欖油，再靜置1小時等待橄欖油入味。
3. 將步驟2的油漬豬肉放入平底鍋（要注意別摻到水），煎熟後放至盤子裡。
4. 將食材A倒入同一只平底鍋以中火煮至沸騰，當醬汁變得黏稠即可淋在豬肉上。
5. 鋪上迷迭香與無花果當裝飾。

Point
肉豆蔻一經加熱，甜味就會更鮮明。以油漬豬肉的油煎豬肉，可讓迷迭香與大蒜香氣滲入豬肉裡。

Point
油漬豬肉時，可先等豬肉表面的鹽融化，再將橄欖油抹在豬肉表面。

醬油香菇可樂餅

利用香菇與肉豆蔻的香氣在經典的可樂餅裡展現個性。

材料 小可樂餅12個量
雞絞肉……100公克
馬鈴薯……3顆（連皮一同蒸熟）
洋蔥……1顆（切丁）
香菇……2朵（切丁）
奶油……少許

A
肉豆蔻粉……1小撮
鹽……1/2小匙
酒……1大匙

B
太白粉……2小匙
奶油……20公克
肉豆蔻粉……1小撮
鹽……1/2小匙
砂糖……少許

麵粉……適量
蛋液……適量

麵包粉……適量
炸油……適量

稀釋黃芥末醬……適量
醬油……適量

新鮮西洋芹……適量

作法
1. 將奶油倒入平底鍋加熱後，放入雞絞肉炒鬆。
2. 將洋蔥、香菇倒入步驟1的鍋中，再倒入食材A，以小火炒5～10分鐘，直到洋蔥的青澀味消失。
3. 將蒸熟的去皮馬鈴薯碾成粗泥再倒入步驟2的鍋中，接著均勻拌入食材B。
4. 將食材捏成小球，並在表面依序裹上麵粉、蛋液、麵包粉，然後炸至金黃變色。
5. 點綴義大利西洋芹當裝飾，並在一旁附上稀釋的黃芥末醬與醬油。

Point
雞肉、洋蔥與肉豆蔻一同翻炒後可去除腥味，而且在與馬鈴薯拌勻時再加一次肉豆蔻，可讓食材變得更香，但也因為實在太香，建議在用量上要有所節制。

香蕉磅蛋糕

利用肉豆蔻營造淡淡的成熟風味。

Point
若希望香料的味道更明顯，可額外拌入肉桂粉或是小豆蔻粉。

材料
小型磅蛋糕模型2塊量

無鹽奶油……90公克（放在室溫下變軟）
砂糖……110公克
雞蛋……1顆
香蕉……200公克（用叉子壓成口感滑順的泥狀）

Point
香蕉蛋糕在經過一天的等待後，味道會更扎實渾厚。現烤的口感較類似鬆餅，比較適合早餐食用。

A
低筋麵粉……100公克
杏仁粉……20公克
泡打粉……10公克
肉豆蔻粉……2小撮

鮮奶油……100 cc
砂糖……3大匙
蘭姆酒……1小匙

新鮮細葉芹……適量

作法
1. 將奶油與砂糖倒入大型盆子裡，再以打蛋器打至變成白色為止。加入蛋液之後繼續攪拌。
2. 將拌勻的食材A倒入盆子裡，再以鍋鏟快速拌勻。倒入香蕉泥之後繼續攪拌。
3. 將剛剛製作的麵糊倒入鋪在磅蛋糕模型底層的烤盤紙上，再將模型放入預熱至攝氏220度的烤箱裡烤10分鐘，接著降至攝氏160度再烤15分鐘。
4. 待餘熱退散後，將蛋糕從模型倒出來等待冷卻，再以保鮮膜或鋁箔紙包覆一天，等待完全熟成（若是在夏天製作，請放在冰箱裡）。
5. 將鮮奶油、砂糖與蘭姆酒調勻，再慢慢攪拌至起泡的程度，然後附在切成片的蛋糕旁，再點綴細葉芹當裝飾。

Star anise

八角

科名:**木蘭科**

利用部位:**果實**

原產地:**中國南部、越南**

學名:*Illicium verum*

英文名稱:Star anise

俗名:八角茴香

3～4公分的果實裡共有6～8個蓇
葖呈八角形放射狀排列,所以才被
命名為八角。八角與茴香常被搞混,
但茴香屬於傘形科的種籽香料,而
八角卻是木蘭科的果實,但也因為
與茴香擁有相同的精油成分「茴香
醚」,所以可取代茴香,用於茴香酒
或砂糖甜點裡,不過,其土香氣又比
茴香更為濃烈。除了中國與台灣的
料理之外,也是全亞洲料理所不可
或缺的香料之一。

粉狀

顆粒狀

於甜鹹滋味的燉煮類
料理非常對味,尤其
可用於豬肉或牛肉的
紅燒料理。

香氣分布圖

香甜 8
清爽 2
濃郁 7
特殊香氣 5
刺激 3

食材搭配分布圖

蔬菜 1
海鮮 1
肉類 3
水果 2
甜點・麵包 1

於食材的應用

功效功能

中國認為八角具有利尿的效果,也將八角
當成消化藥使用。其t-茴香醚成分被認為
具有體內代謝後的女性荷爾蒙效果,所以
有時也被當成是調節荷爾蒙分泌的藥物,
但孕婦應盡量避免接觸。

香氣特徵

雖然擁有類似茴香的香氣,但土香味卻更
為明顯。除了擁有類似樟腦的香氣,還同
時擁有收斂性的苦味與甜味。

使用方法

中國料理常用於替豬肉或鴨肉料
理增加香氣,而越南河粉(Pho)
這類東南湯麵也常使用八角這項
香料。八角也是中國五香粉的材
料之一,也因此廣為人知,常用於
消除燉煮類料理或豬肝的腥味。
此外,因其類似茴香的香氣,也常
用於烘焙甜點或酒類飲料裡。

於食譜的應用

大蒜芽肉捲

八角粉的清甜芳香轉化成
亞洲風味。

p113

**滷豬肉佐熱炒
空心菜**

利用整顆的八角替這道料
理增添明顯的甜香味,蓋
掉豬肉原有的肉腥味。

p114

大蒜芽肉捲

大量使用八角與芫荽，充分品嘗兩者香氣的一道料理。

材料　2～3人份

大蒜芽……10根
（將堅韌的部分切除，並且切成一半的長度）
豬五花薄片（涮涮鍋肉片）……200公克
鹽……少許

沙拉油……1大匙

A

醬油……3大匙
酒……2大匙
水……1大匙
砂糖……2大匙
八角粉……1小撮

生菜……適量
新鮮芫荽……適量

作法

1. 將大蒜芽堅韌的根部切掉，再對切成一半長度。
2. 將大蒜芽包在豬肉裡面，再灑一點鹽。將滲出的水氣擦乾。
3. 在平底鍋鍋底抹一層油，放入步驟2的豬肉油煎。
4. 在平底鍋裡加熱食材A，等到醬汁變得濃稠，再將剛剛煎熟的大蒜芽放入鍋中，並讓醬汁沾附在大蒜芽表面。
5. 大蒜芽可與芫荽一同包入生菜享用。

Point

這次使用的是粉狀八角，主要是為了在醃漬過程中讓豬肉變得有甜味。最後則附上與八角香氣相映襯的新鮮芫荽。

Point

將稍有厚度的豬肉切成絲後，與大蒜芽一同翻炒也會是一道美味的佳餚。

滷豬肉佐熱炒空心菜

在豬肉的甜味與八角香甜的完美和諧裡，利用黑胡椒與辣椒增添重點。

材料　3～4人份

豬五花肉塊……2公斤
（先切成方便入口的大
小，再於表面搓揉2小匙
的鹽）

A

紹興酒……50 cc
酒……50 cc
醬油……70 cc
砂糖……3大匙

B

顆粒狀的八角……1顆（撕成碎
塊）
黑胡椒……5顆
辣椒片……5片
蔥綠……2根量
生薑……1片（切片）

空心菜……1把（切成容易入口
的長度後，泡在水裡一會兒，再
撈出來瀝乾水分）
大蒜……1片
麻油……1大匙

稀釋的黃芥末醬……適量

Point

經過一晚靜置的滷豬肉
會更加入味。

作法

1. 將豬肉排在厚一點的鍋子裡，再注入淹過豬肉高度的水量，然後以小火
   慢慢煮。
2. 沸騰後，將水面的浮沫撈除，再倒入食材A的調味料，等到再次煮沸，
   再次撈除浮沫。
3. 倒入食材B，蓋上蓋子以中小火燉煮40～50分鐘，直到豬肉被煮軟，湯
   汁也變得濃稠再關火。經過一晚的靜置後，撈除凝固在表面的豬油。
4. 將麻油倒入平底鍋後，倒入大蒜加熱，再倒入空心菜翻炒。
5. 將步驟4的空心菜與豬肉一同擺盤，並在上面附上稀釋的黃芥末醬。

Point

為了讓八角的香氣滲透
到每項食材裡，請在使
用之前先撕成碎塊。為
了避免浮沫黏在八角
上，請先撈除浮沫再放
入八角。

Allspice

眾香子

科名：**桃金孃科**

利用部位：**果實**

原產地：中南美

學名：*Pimenta officinalis*

英文名稱：Allspice

俗名：多香果

這是於中南美地區，尤其是牙買加所生產的香料。自哥倫布發現美洲大陸以後，其他的探險家發現了這種香料，並將其帶回歐洲，但其實在更早之前，加勒比海沿岸就已經將這種香料用於酸甜醬或醬汁裡。由於同時擁有肉豆蔻、肉桂、丁香這些香氣，所以才被命名為眾香子（Allspice），又名多香果或牙買加胡椒。

顆粒狀

粉狀

與牛肉漢堡特別對味，也適合用於味道濃郁的燉煮類料理。

香氣分布圖

香甜 6
清爽 2
濃郁 7
特殊香氣 6
刺激 4

 於食材的應用

功效功能

常用於喚醒消化器與治療下痢。

香氣特徵

類似丁香的香甜與胡椒的刺激香味，卻一點也不嗆辣。

使用方法

單獨使用時，其獨特的香氣會造成個人喜好的問題，所以通常與肉豆蔻一同用於絞肉料理，或是與丁香合併用於牛肉的燉煮類料理。此外，使用豆子烹調的中南美料理也常搭配肉桂與丁香一同使用，也常用於烘焙甜點。

食材搭配分布圖

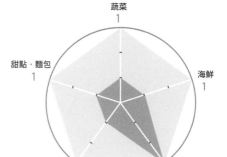

蔬菜 1
海鮮 1
肉類 3
水果 1
甜點・麵包 1

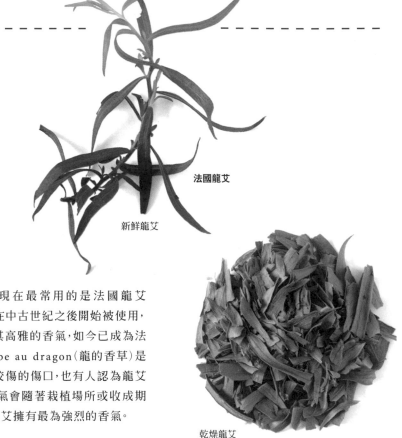

龍艾

Tarragon

法國龍艾

新鮮龍艾

科名：菊科
利用部位：葉子
原產地：俄羅斯、西亞
學名：*Artemisia dracunculus*
英文名稱：Tarragon
俗名：青蒿草

原產地雖在俄羅斯或西亞，但現在最常用的是法國龍艾
（French Tarragon）。這種香草在中古世紀之後開始被使用，
算是比較年輕的香草之一，但因其高雅的香氣，如今已成為法
國料理之中不可或缺的香草。herbe au dragon（龍的香草）是
其別名，傳說中可用來治療被蛇咬傷的傷口，也有人認為龍艾
的根部很像蜷曲的蛇。龍艾的香氣會隨著栽植場所或收成期
而改變，而普遍認為開花之前的龍艾擁有最為強烈的香氣。

乾燥龍艾

於食材的應用

功效功能

除了可刺激消化器官，
又能當成較輕緩的鎮靜
劑幫助入睡。

香氣特徵

主要是纖細的甜香氣
味，也可聞到些微的
清新葉香。

使用方法

與鮮奶油、奶油都有極佳的適性，可加在歐姆蛋這類的蛋料理或是義
大利麵醬汁裡。由於擁有類似茴香的香甜，所以也適合用於醃漬類或
油漬類的料理。以龍艾醃漬數週製成的龍艾醋是製作淋醬或醬汁的重
要法寶之一。

香氣分布圖

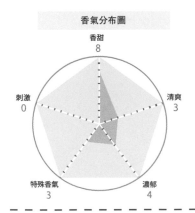

香甜 8
清爽 3
濃郁 4
特殊香氣 3
刺激 0

食材搭配分布圖

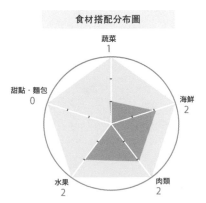

蔬菜 1
海鮮 2
肉類 2
水果 2
甜點・麵包 0

與蛋料理或甲殼類食
材非常對味，也可與
水果搭配使用。

於食譜的應用

散發龍艾香氣的
水果酒

新鮮龍艾的香氣讓水果
酒變得更加清爽。

p117

散發龍艾香氣的水果酒

散發淡淡龍艾香氣的清爽系水果酒。

材料　3～4人份
香蕉……1根（切成一口大小，再淋上些許檸檬汁）
鳳梨……1/4顆（切皮後，切成一口大小）
檸檬汁……1/2顆
新鮮龍艾……2根
碳酸水（有糖的）……適量

作法
1. 將香蕉、鳳梨、檸檬汁、新鮮龍艾放入容器裡。
2. 注入淹沒所有食材高度的碳酸水，再放至冰箱冷藏數小時。

可利用無糖的碳酸水與酒精飲料醃漬水果。

Vanilla

香莢蘭

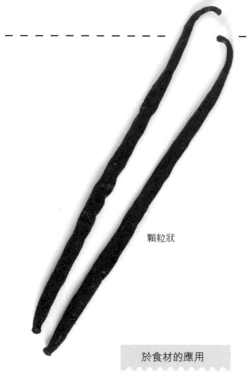

顆粒狀

科名：蘭科

利用部位：豆莢、種籽

原產地：墨西哥、中美

學名：*Vanilla planifolia*

英文名稱：Vanilla

俗名：香草

未成熟的香草莢在發酵後會散發出某種香甜的氣味，而這也是香莢蘭之所以被發現的原因。在14世紀西班牙人發現這種香草，輾轉傳入歐洲之前，馬雅族與阿茲提克族早已用來替巧克力增加風味。栽培不易的香莢蘭在進入人工栽培的十九世紀之前，一直都是南美的特產品，而如今雖然各地都有栽培，但是仍因授粉的步驟繁複而被列為價格高昂的香草之一。

於食材的應用

功效功能

過去曾被當成促進健康與催情的藥物使用，但現代的研究認為，香莢蘭幾乎沒有醫學方面的療效。

香氣特徵

擁有特殊而濃郁的香甜。每處產地的香莢蘭都擁有不同的香氣。

使用方法

從香草莢刮出的種籽可用於烘焙甜點或冰淇淋的麵糊裡，而用過的香草莢在放入牛奶燉煮後，香氣將滲入牛奶，若與砂糖一同保存，香氣也將滲入砂糖。

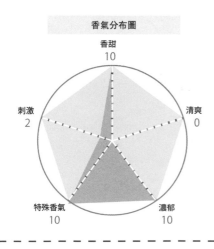

香氣分布圖

香甜 10
清爽 0
刺激 2
特殊香氣 10
濃郁 10

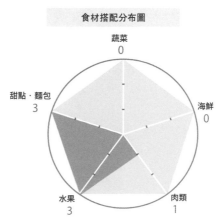

食材搭配分布圖

蔬菜 0
甜點·麵包 3
海鮮 0
水果 3
肉類 1

可與糖漬水果、紅酒燉煮類料理、烘焙甜點或冰淇淋類的甜點搭配。

胡椒
Pepper

強烈的辣味與刺激、爽快的香氣並存

Chili pepper

辣椒

科名：茄科

利用部位：果實

原產地：南美

學名：*Capsicum annuum*

英文名稱：Chili pepper

和名：唐辛子

哥倫布發現新大陸之際，紅辣椒這種香料的存在才第一次為世界眾人所知。不論是印度的咖哩還是泡菜，早期都不曾使用辣椒，據說日本的辣椒是於16世紀中葉由葡萄牙人傳入，後來才又輾轉傳入韓國。「Chili」的語源可回溯至阿茲提克語，而該地早在西元前7千年就將紅辣椒當成辛香料使用。

顆粒狀
顆粒狀的紅辣椒很辣，使用前，通常先將裡頭的種籽刮除，切成小段後泡入水裡，待體積膨脹再切碎使用。

切絲
有的是甜味的辣椒絲，有的則是辣味的切絲，通常用於裝飾。

切圓片
這是最方便使用的形狀，用途很廣，熱炒、燉煮都少不了它。

辣椒粉
每種辣椒的辣度都不同，都必須酌量使用。

於食材的應用

功效功能

其辣味成分辣椒素比其他辣味成分更能促進脂肪代謝，也能提昇心跳速率與增加血流量。

使用方法

紅辣椒在眾多香料之中屬於最嗆辣的一種，除了日本的七味辣椒粉之外，咖哩、泡菜、辣椒粉都會使用紅辣椒，其辣味成分十分耐煮，即便用於燉煮類料理或煎烤類料理，其辣味仍能久久不散。紅辣椒的形態很多元，除了顆粒狀，還能切成圓片、切絲或是磨成粉，但辣味其實是一種痛覺，紅辣椒的顆粒越細，其辣味就越強勁，所以請依料理選用適當形態的辣椒。顆粒狀的紅辣椒在刮除種籽後，辣味就會趨緩，其紅色色素屬於脂溶性，過油後，可為料理增添勾起食慾的豔紅色。

香氣分布圖

香甜 4
清爽 0
濃郁 3
特殊香氣 3
刺激 10

食材搭配分布圖

蔬菜 3
海鮮 3
肉類 3
水果 1
甜點‧麵包 0

可為任何料理增添辣味，與芒果或百香果這類南洋水果也非常對味。

於食譜的應用

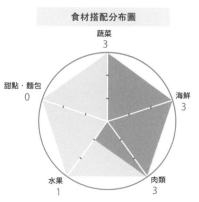

韓式火鍋

使用辣味較不明顯的韓國辣椒調出溫和的辣味。

p123

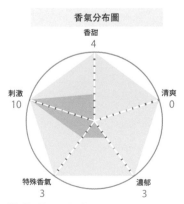

●全世界的辣椒

最為刺激的火熱辣椒

辣椒在傳遍全世界的過程之中衍生出眾多品種，據說品種超過千種之多，而不同品種或產地的辣椒都擁有不同的辣味、風味、顏色與形狀。辣椒的辣味與其他香料相較之下刺激許多，或許最適合以「火熱」這個字眼來形容，但其中最為有名就屬墨西哥的燈籠辣椒與墨西哥綠辣椒。目前被公認為全世界最辣的辣椒是於澳洲發現的毒蠍椒。

墨西哥

燈籠辣椒 Habanero

廣為流通的超辣辣椒，呈扭曲的圓形。常用於加工食品。

聖納羅辣椒 Serrano

肉質厚實的辣椒。辣味強勁，需控制用量。

奇拉卡辣椒 Chilaca

呈深紅色細長形狀，較其他辣椒味道醇厚。經乾燥後將完全變黑，又被稱為pasilla（葡萄乾辣椒）。

綠辣椒 Jalapeño

一般看到的都是尚未成熟的綠色，其爽朗的香味是最大的特徵。成熟的綠辣椒在經過乾燥與煙燻處理後，又被稱為Chipotle（煙燻辣椒）。

鈴鐺辣椒 Cascabel

於市面流通的幾乎都是經過乾燥的種類，是一種長得像小顆圓球的辣椒，散發著核果般的風味。

波布拉諾辣椒 Poblano

不太辣的大型辣椒。經過乾燥的成熟辣椒稱為Ancho（安可辣椒）

南美或北美

祕魯辣椒 Rocoto

圓滾滾的外觀加上肥厚的肉質，是一種非常辣的辣椒。玻利維亞與祕魯都常使用這種辣椒。

馬拉奎塔椒 Malagueta

常見於巴西，是一種只有3公分左右的小型辣椒，辣度十分驚人。與葡萄牙的醋漬辣椒擁有相同的名字。

新墨西哥辣椒 New Mexico

又被稱為Anaheim辣椒（阿納海姆辣椒），是一種黃綠色的甜辣椒。用法與青椒類似，但青澀味較不明顯，所以比較容易入口。

歐洲

霹靂霹靂辣椒 Peri peri

Peri peri是葡萄牙語，意思是指小顆辣椒。常於葡屬非洲各地使用。

西班牙紅辣椒 Guindilla

這種辣椒來自西班牙，是一種紅黑色的乾燥辣椒。

義大利辣椒 Peperoncino

peperoncino這個字在義大利語裡廣稱所有的辣椒，而分類又十分曖昧，有的是紅色的，有的卻是綠色的。

埃斯佩萊特辣椒 Piment d'Espelette

法國巴斯克地區生產的AOC辣椒。呈橘紅色，風味類似水果，辣味非常圓潤。

西班牙品種辣椒 Ñora

不太辣的西班牙辣椒。外觀呈圓球狀，常用於羅美斯扣醬（甜椒番茄醬）的製作。

亞洲

斷魂椒 Bhut Jolokia

原產於孟加拉，以辣度高於燈籠辣椒兩倍而聞名，2007年還被金氏世界紀錄承認為世界辣度最高的辣椒。

普里克基諾辣椒 Prik kee Nu

於泰國栽植的小型辣椒，在日本種植的這種辣椒也不如泰國種植的辣。可分成綠色與紅色兩種。

喀什米爾辣椒 Kashmir

雖然被冠上喀什米爾之名，卻是在喀什米爾之外的地方種植，是一種印度的高級辣椒，擁有香甜卻辛辣的香氣。

韓國辣椒

辣味輕微，帶有濃醇味道的辣椒。在泡菜與其他韓國料理之中都是不可或缺的辣椒。

日本

島辣椒

於九州、沖繩栽植的品種，體積雖小，但辣味強勁。

本鷹、八方、三鷹、熊鷹

上述皆是日本的代表辣椒，本鷹與八房接枝後就能種出三鷹。在中國，這些辣椒又被統稱為天鷹，主要為了輸出日本而種植。熊鷹是日本最辣的辣椒。

萬願寺辣椒、伏見辣椒、獅子辣椒

日本的甜味辣椒，有時能收成突然變種的辣味品種。

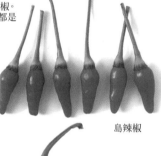

島辣椒

斷魂椒

毒蠍辣椒

燈籠辣椒

普里克基諾辣椒

墨西哥綠辣椒

澳洲

毒蠍辣椒 Trinidad Scorpion Butch Taylar

於澳洲發現的辣椒，名稱源自第一位發現者布奇泰勒的名字，於2011年取代斷魂椒，成為金氏世界記錄認證的世界最辣辣椒。據說辣度是塔巴斯可辣椒醬的48倍。

※凱焰辣椒可代表特定單一品種或乾燥辣椒總稱這兩種意思。

韓式火鍋

這次使用辣味較淡、略帶甜味的韓國辣椒營造溫潤的口感。

材料 1人份

豬肉片……100公克（抹上少許的鹽後靜置備用）
豆腐……1/2塊（切成一口大小）
冬粉……50公克（稍微煮過後靜置備用）
韭菜……1/2把（切成10公分長度）

小魚乾高湯……200 cc
大蒜……1片（切薄片）
生薑……1片（磨成泥）

A
韓式辣椒醬……1大匙
魚露……1大匙
酒……1大匙
醬油……1小匙
砂糖……少許

研磨過的白芝麻……適量
韓國辣椒……適量（粗研磨）
麻油……適量

全世界的辣椒調味料

辣椒除了可用於辛辣的料理，也能當成辣味調味料的主材料使用。世界各地都有扎根於當地的專屬辣椒調味料，作法與辣度也隨著地區而不同，從中也可體會辣椒文化有多麼深奧。

辣油
以油加熱辣椒、八角、花椒這類辛香料，再將這些材料濾掉所得的調味油。

參巴醬
以辣椒、洋蔥、大蒜、發酵的蝦子為原料的醬料，屬於印尼的調味料之一。

中東辣椒醬（Harissa）
在摩洛哥與突尼西亞等地用來替塔吉鍋料理或庫斯庫斯增加辣味的辣椒醬。是由辣椒、番茄與孜然這類辛香料混拌而成的醬料。

寒造里辣醬
是日本新潟縣妙高市生產的發酵調味料。是一種先將鹽漬辣椒放在雪上吸收雪水，待辣椒脫去雜味後，再與香橙、鹽麴混拌而成的醬料。可做成火鍋的蘸醬或紅葉泥使用。

辣醬
以巴薩米可辣醬最為有名，主要是由辣椒、醋、鹽混拌熟成的液態調味料。

韓國辣椒醬
以糯米、辣椒為主材料製作的發酵調味料，帶有些許的甜味。

豆瓣醬
讓蠶豆與白米這類材料發酵，再加入辣椒與鹽製作的中國發酵調味料。

泡盛辣椒
將日本沖繩產的辣椒放在泡盛酒醃漬而成的產品，是一種非常辛辣且刺激的辣椒，可當成沖繩蕎麥麵的提味料使用。

作法

1. 將高湯、大蒜、生薑放入鍋裡煮沸。
2. 將預先調勻的食材 A 倒入鍋中，再將豬肉片與豆腐放入鍋中加熱。
3. 倒入冬粉後，待冬粉煮熟再鋪上韭菜，然後蓋上鍋蓋燜煮 1 分鐘左右。
4. 灑上研磨白芝麻、辣椒與麻油。

Point

辣味輕微、甜味明顯的韓國辣椒可讓高湯的味道變得更為溫醇。其圓潤的風味也可當成最後的點綴使用。

Point

韓國辣椒醬不太容易溶解，所以可先溶在醬油或酒這類調味料裡，然後再倒入鍋中。每家製造商生產的魚露都有不同的鹽分濃度，建議一邊試味道，一邊調整加入的量。

香料＆香草圖鑑與料理的搭配

紅椒

科名：**茄科**

利用部位：**果實**

原產地：南美

學名：*Capsicum annuum* 'grossum'

英文名稱：Bell pepper

俗名：紅椒粉

粉狀

紅椒與辣椒（Capucicum annuum）是同科兄弟，但在匈牙利經過品種改良後，就變成為人熟知的無辣味香料。當作香料使用的紅椒有的是經過烘焙的粉狀，有的則呈現暗紅色，散發著煙燻般的香味。匈牙利與土耳其都常使用紅椒粉，也常用來代替胡椒，當作日常香料使用。

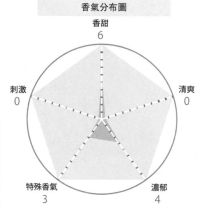

香氣分布圖

與番茄、蝦子、螃蟹、燉牛肉都很對味。雖然毫無辣味，但味道卻很濃重，使用時需注意用量。

香甜 6
清爽 0
濃郁 4
特殊香氣 3
刺激 0

於食材的應用

食材搭配分布圖

蔬菜 3
海鮮 3
肉類 3
水果 0
甜點・麵包 0

功效功能

據説除了能帶給消化器官刺激，同時又能當成輕微的鎮靜藥幫助入眠。

香氣特徵

香氣與辣椒類似，帶有香甜的氣味，味道也如番茄般濃醇，同時帶有淡淡的鹽味與甜味。

使用方法

使用紅椒粉的料理之中，最具代表性的料理就屬匈牙利的燉牛肉，但也可拌入土耳其飯與白醬裡，或是灑在沙拉上增加色彩。紅椒粉具有特殊的濃醇滋味，只要少量加在咖哩、義大利麵醬汁、紅酒類燉菜這類以番茄熬煮而成的料理，就能讓料理的味道變得更有層次。若與孜然這類香料拌在一起，則可抹在肉類或蔬菜表面，當成調味香料使用。

於食譜的應用

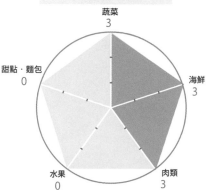

紅椒粉薄荷肉丸

可讓肉變得更濃醇美味。　p125

長蔥雞胸肉紅椒粉沙拉

讓醬汁變得更為濃郁。　p125

紅椒粉薄荷肉丸

可同時嘗到紅椒的酸甜香氣與綠薄荷的清新。

材料　3～4人份
A
綜合絞肉……400公克
洋蔥……1顆（切末）
大蒜……1/2片（切末）
新鮮綠薄荷……1小撮（稍
微撕成幾片）
番茄糊……2小匙
紅椒粉……1小匙
丁香粉……1小撮
鹽……1又1/2小指
太白粉……1大匙

鹽……少許
新鮮薄荷……適量

作法
1. 將食材 A 倒入盆子裡揉拌均勻，再一邊將空氣拍出，一邊將肉泥捏成球狀。
2. 將步驟 1 的肉丸排在烤盤上，放入預熱至攝氏250度的烤箱裡15分鐘，直到裡外全部烤熟為止。
3. 灑點鹽，再與新鮮薄荷一同擺盤。

Point

也可與生菜這類葉菜類蔬菜一同挾入中東口袋餅。

Point

將紅椒粉當成醃漬的材料之一使用，可讓絞肉的味道變得更加濃郁。若同時加入丁香粉，肉鮮味更將倍增。

長蔥雞胸肉紅椒粉沙拉

利用汆煮雞胸肉的湯汁製作清淡的醬汁，再用紅椒粉增加味道的厚度。

材料　3～4人份
雞胸肉……1片
鹽……1小匙
長蔥……5根
（只使用蔥白，切成10公分長度）
白酒……2大匙

A
紅椒粉……1小匙
鹽……1/2小匙
砂糖……少許
鮮奶油……2大匙
新鮮細葉芹……適量

作法
1. 將雞胸肉、鹽倒入小鍋裡，再倒入淹過雞胸肉高度的水量，以中小火加熱。撈出湯面浮沫後，慢慢熬煮 30 分鐘。
2. 將雞胸肉剝成條狀，再以剛剛汆煮用的湯汁醃漬，等待餘熱完全散去。
3. 將汆煮雞肉的湯汁倒入鍋中，再倒入白酒、蔥白，接著加熱 10 分鐘左右，等到蔥白煮爛再取出鍋外。
4. 將食材 A 倒入步驟 3 的湯汁裡加熱，待湯汁出現黏稠度，再將蔥白與雞肉放回鍋中，然後輕輕地將湯汁裹在食材表面，別讓蔥白與雞肉因此散掉。
5. 裝飾些許細葉芹。

Point

紅椒粉的色素為脂溶性，因此只要是油類料理，色素就會溶出，替料理染色。

胡椒

科名：**胡椒科**

利用部位：**果實**

原產地：**印度南部**

學名：*Piper nigrum*

英文名稱：Pepper

俗名：胡椒

胡椒與辣椒都是全世界消費量極高的香料之一，其原產地為南印度。胡椒（Pepper）的語源來自長胡椒的梵語「pippeli」。在辣椒廣為人知之前，胡椒是西方唯一可用來替料理增加辣味的香料，因此當時胡椒的交易價格幾乎與黃金相等，到了大航海時代，歐洲強國還為了取得胡椒而侵略東方。胡椒的辣味成分為胡椒鹼，其獨特的香味可用來去腥與增加辣味，也具有促進食慾的效果。

於食材的應用

功效功能

可促進食慾、讓身體變得溫暖之外，一般認為具有抗菌、防腐效果。

黑胡椒
未成熟的胡椒果實乾燥後製成的香料，具有刺激而爽朗的香氣。巴西或印尼為主要產地。

胡椒粉

印度貼力切利產的胡椒
顆粒較大，味道也較溫潤。

馬達加斯加產的胡椒
顆粒較小，顏色較深，在歐洲被歸類為高級胡椒，也因此備受歡迎。

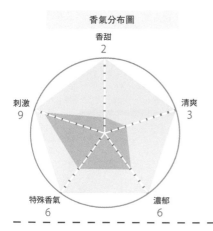

香氣分布圖

香甜 2
清爽 3
濃郁 6
特殊香氣 6
刺激 9

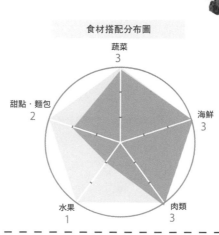

食材搭配分布圖

蔬菜 3
海鮮 3
肉類 3
水果 1
甜點·麵包 2

與各種食材都能搭配，可在想要增加些許刺激滋味時使用。

世界各地使用的胡椒

在所有的香料中,可以說最令人熟悉的就是胡椒了。以下為大家介紹在世界各地應用廣泛的各類型胡椒與其功能。

綠胡椒
這是未成熟的胡椒果實,有些會先經過水煮,有的則是放入醋裡醃漬,也有冷凍乾燥的種類。香味非常清爽。

白胡椒
將成熟果實泡在水裡發酵後,剝除變軟的外皮再經過乾燥製程的胡椒。味道較黑胡椒柔和,也擁有獨特而高雅的香氣。可用於使用白醬的白色料理。

白胡椒(印度馬拉巴產)
擁有圓潤而芳醇的香氣。

白胡椒(非洲喀麥隆 penja 產)
在眾多白胡椒之中,刺激感較強烈的高級品種。

紅胡椒
熟到掉落地面的成熟果實經過乾燥後的製品。可分成水煮與醋漬兩種,擁有香甜的水果氣味。

水煮綠胡椒
綠胡椒是一種纖細的果實,一不小心就會變色,所以通常會以水煮的方式保存。

世界各地使用的胡椒

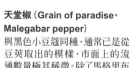

天堂椒（Grain of paradise、Malegabar pepper）
與黑色小豆蔻同種，通常已是從豆莢取出的模樣，市面上的流通數量極其稀微。除了馬格里布與突尼西亞的綜合香料摻有這種香料之外，北歐（斯堪地那維亞）的蒸餾酒「阿誇維特」也使用這種香料增添香氣。

蓽澄茄（爪哇胡椒）
從16世紀到18世紀的歐洲都非常喜愛這種香料，除了在原產地的印尼料理使用，摩洛哥的閹羊肉與羔羊肉塔吉鍋料理也都會使用這種胡椒。常被人誤認為西非胡椒Piper guineense。

紅胡椒（甜胡椒 poivre rose）
屬於漆樹科的香料，味道較胡椒柔順，一經咀嚼，酸甜滋味立刻在口中擴散，卻幾乎不具香氣。常用來替料理增色。

長胡椒（扭曲胡椒、long pepper）
比胡椒擁有更為濃密的香氣。在沖繩，與同種的假蓽拔 Piper retrofractum 都被稱為hihaci，也都用於沖繩蕎麥麵，但時常被人誤認為是同一種胡椒。

在昔蘭尼西元前250年發行的硬幣背面就刻有獨特外觀的松香草。

傳說中的夢幻香料

儘管古希臘人、羅馬帝國與埃及曾榮極一時，但卻始終無法忘情於某些香料。幾千年前的人也曾被香料所迷惑，甚至曾有段顛沛的歷史。

松香草

西元前7世紀，在北非的昔蘭尼（現利比亞境內）建立殖民地的古希臘人，因為得到附近長相奇特的藥草而獲得龐大的利益，也因此造就了國家的繁盛。這種從樹脂而來的香料可用於各種疾病的治療，也與味道濃郁的肉類、魚肉對味，卻在進入西元初期之後絕跡，某些意見認為這是昔蘭尼的商人與產地的採掘者產生爭執所引起，有些人也認為是因為過度放牧的羊群把這種藥草吃光了，但最後的莖部是獻給羅馬皇帝尼祿。

中國柴桂

這種香草也被稱為肉桂葉與印度月桂，過去的羅馬帝國進口的是中國產的肉桂葉，主要用於某些儀式、醫療與料理，而埃及則從這種植物榨取香油，榨乾的葉子則同樣用於料理。不知是何緣故，這種香草的料理方法與使用方法沒能傳及後世，如今只剩印度北部這些極為少數的地區使用。

鬱金、紅球薑

兩者都屬於薑科香料，於中世紀曾與南薑一同造成流行，在當時是非常昂貴的香料，但近年來逐漸為人所淡忘。過去產地周邊的部分東南亞地區持續使用之下，最近又因料理的全球化而受人注目。前者又稱為莪朮與紫鬱金，沖繩與屋久島兩地都有栽植，也常被當成健康食品使用。

Laurier

月桂

科名：樟科

利用部位：葉子

原產地：地中海沿岸

學名：*Laurus nobilis*

英文名稱：Bay

俗名：桂冠樹

古希臘與羅馬將月桂視為睿智與光榮的象徵，在古代奧林匹克大會裡，冠軍將戴上月桂編織而成的冠冕。代表學士學位的英文baccalauréat其實指的就是月桂的果實，寓意著勤學勉讀終有成果的意思。月桂葉常用來替肉類或魚類料理增香除臭，也是香草束之中不可或缺的香草。因為保存容易，所以也是全世界都非常熟悉的香草之一。

於食材的應用

功效功能

具有促進消化效果，而極度稀釋的精油可用於治療肌肉痠痛與關節痛。

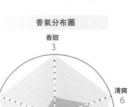

粉狀

乾燥月桂葉

新鮮月桂葉

香氣特徵

新鮮月桂葉帶有苦味，但經過乾燥處理後，隨即散發清爽的柑橘香氣。

使用方法

與各種食材都能搭配，也因為能緩緩地釋放香氣，所以適合放入醃漬類料理或牛肉蔬菜鍋這類燉煮類料理。將新鮮或乾燥的月桂葉撕成碎片放入鍋中，香氣就比較容易釋放。若是過度熬煮，就可能釋放苦味，所以若打算燉煮兩個小時以上，建議視情況中途將月桂葉取出鍋外。

香氣分布圖

香甜 3
清爽 6
濃郁 6
特殊香氣 6
刺激 2

食材搭配分布圖

蔬菜 3
海鮮 3
肉類 3
水果 1
甜點・麵包 0

與蔬菜、海鮮、肉類都搭，適合用於燉煮類料理。

Garlic

大蒜

科名：百合科

利用部位：鱗莖

原產地：中亞

學名：*Allium sativum*

英文名稱：Garlic

俗名：大蒜

原產地在亞洲，極為早期就於中東或地中海沿岸栽植。過去的需求偏向藥用而非食用，傳說羅馬時期的士兵們在出征之前會將它當成刺激劑食用。切成末之後，水分與其中的硫化物成分會產生化學作用，進而轉換成所謂的蒜素，也因此散發能刺激食慾的特殊香氣。經過加熱後，這些成分又會還原，可用來去除肉腥味。

生大蒜

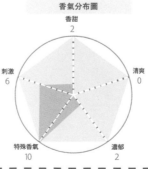

粉狀

於食材的應用

功效功能

大蒜精油具有強勁的抗菌作用，自古以來就用於各種傳染病的治療。

香氣特徵

百合科香草特有的香氣，會帶給口腔與喉嚨刺激。

使用方法

蒜頭很容易栽培與保存，所以全世界都見得到它的蹤影。可用於熬煮、油煎，切成末的蒜頭也能加在基本調味料裡使用。生蒜頭很容易焦，所以炒菜時，要趁低溫加入蒜頭。經過加熱後，其獨特的香氣就會分解，所以若在意蒜頭的臭味，記得徹底加熱蒜頭吧。

香氣分布圖

香甜 2
清爽 0
濃郁 2
特殊香氣 10
刺激 6

食材搭配分布圖

蔬菜 3
海鮮 3
肉類 3
水果 0
甜點・麵包 0

與蔬菜、海鮮、肉類有極佳的適性，但香味非常明顯，在用量與使用時機上都要多加注意。

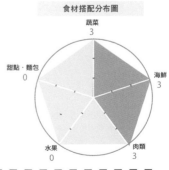

其他的香料&香草

其他的香料 & 香草

可用於增色添香的香料。

番紅花

科名：鳶尾科
利用部位：雌蕊
原地：中東、地中海沿岸
學名：*Crocus sativus*
英文名稱：Saffron crocus
俗名：藏紅花

番紅花的雌蕊在經過乾燥之後，就是番紅花這項香料，而製作過程非常繁複，所以價格也十分高昂。與梔子花相同的是，兩者都擁有水溶性的色素，所以常被當成料理的染色料使用。西班牙海鮮燉飯、馬賽魚湯、大蒜蛋黃醬的黃色其實就是番紅花的黃色。料理時，只需要少量就能煮出顏色。

番紅花 原始形狀

梔子花

科名：茜草科
利用部位：果實
原地：東亞
學名：*Gardenia jasminoides*
英文名稱：Gardenia
俗名：山黃梔

梔子花又稱山黃梔，被當成香料使用的部分是果實，也因為含有水溶性色素成分，所以常被用來替粟金團或醃蘿蔔染色。在乾燥後的果實表面劃出傷口，泡在水裡就能使用染色的水，也能與料理一同燉煮，在顏色用完之前都能重複使用。花朵帶有茉莉花的芬芳香氣，所以也能替酒類增香。

梔子花 顆粒狀

藍色罌粟籽 顆粒狀

杜松子

科名：柏科
利用部位：果實
學名：*Juniperus communis*
英文名稱：Juniper berry
俗名：杜松子

格林童話裡的「杜松樹的故事」也提到了杜松子這種香料。琴酒的特殊香氣就是由杜松子釀造而成。杜松子主要生長於歐洲群山裡，可搭配獸肉食用。碾碎後，也可與其他的香草以及大蒜一同抹在肉的表面再將肉烤熟。若是加在香草茶裡，可聞到猶如檜樹般的清爽香氣。

顆粒狀
杜松子

罌粟籽

科名：罌粟科
利用部位：種籽
原地：地中海沿岸、中亞
學名：*Papaver somniferum*
英文名稱：Poppy seed
俗名：御米

罌粟籽可分成藍灰色與白色兩種，顆粒都較芝麻小，灑在麵包與甜點可增添核果香氣，也可與蜂蜜以及砂糖一同搗成糊狀使用。也可用來裝飾沙拉或製作淋醬。

酸豆

科名：白花菜科
利用部位：花苞
原地：地中海沿岸
學名：*Capparis spinosa*
英文名稱：Caper
俗名：續隨子

酸豆就是刺山柑的花苞，可分成醋漬與鹽漬兩種，而刺山柑的果實「刺山柑漿果」（caper berry）也是以醋漬的形式於市面流通。酸豆具有類似芥菜籽的刺激風味，其獨特的香氣特別為歐洲人所喜愛，可剁碎拌在塔塔醬或醬汁裡，也能當成鮭魚或肉類料理的配料使用。

酸豆 醋漬

葫蘆巴

科名：豆科
利用部位：種籽、葉子
原地：地中海東部、北非
學名：*Trigonella foenum-graecum*
英文名稱：Fenugreek
俗名：雲香草

種籽可先碾碎或炒過再使用，而稱為Methi的葉子可在新鮮的狀態或乾燥之後的狀態，用在咖哩這類印度料理裡。不管是種籽還是葉子都具有淡淡的苦味。種籽具有類似楓糖的甘甜香氣，可用來替糖漿增添香氣。

葫蘆巴
顆粒狀

亞洲的
香料 & 香草
Asian

泰國與越南這類亞洲料理絕對少不了擁有強烈
香氣的檸檬香茅或泰國青檸。同時也為大家介
紹散發著亞洲特殊香氣的食譜。

香料＆香草圖鑑與料理的搭配

檸檬香茅

科名：禾本科

利用部位：葉子、莖部

原產地：熱帶亞洲

學名：*Cymbopogon citratus*

英文名稱：Lemon grass

俗名：香茅草

檸檬香茅擁有類似檸檬的爽朗清香，是泰國這些東南亞國家在料理時不可或缺的香草。主要是使用葉子與莖部替料理增香，但接近根部的莖屬於較柔軟的纖維，可切末之後加在料理裡，或是當成熬湯的材料使用。葉子也可以直接用來泡製香草茶。此外，檸檬香茅的枸櫞酸常用來製作人工檸檬香精。

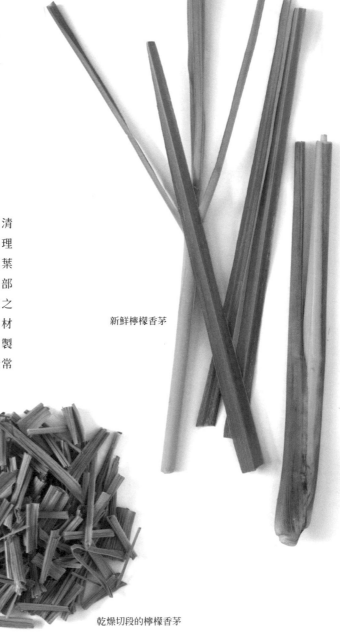

新鮮檸檬香茅

乾燥切段的檸檬香茅

功效功能

可當成茶喝，緩解消化不良的症狀，也被認為具有鎮靜效果。

於食材的應用

香氣特徵

散發著與檸檬相似的爽朗清香。葉子比莖部擁有更為強烈的香草味。

使用方法

與椰奶、海鮮或雞肉的適性極佳，切成粗段的莖部可用來熬湯，也能當成綠咖哩這類泰式料理的醬料使用。切碎的葉子可用來泡茶。如果一下子用不完，可先乾燥再予以保存。

香氣分布圖

```
        香甜
         4
刺激           清爽
 0              5

特殊香氣        濃郁
  5             4
```

食材搭配分布圖

```
        蔬菜
         1
甜點·麵包       海鮮
  2             2

 水果          肉類
  2             2
```

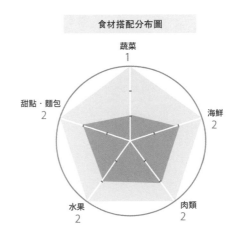

適合與味道清淡的魚肉或肉類搭配。也能替水果或冰涼的甜點增香。

 於食譜的應用

泰式南蠻雞

檸檬香茅可消除雞肉的腥味，也能讓油炸類食物變得不油膩。

 p134

生春捲佐花生味噌醬

以檸檬香茅蓋掉根莖類蔬菜與海鮮的異味，為料理增添更為清爽的風味。

p136

香草蘇打

檸檬香茅的舒爽香氣可讓口齒盈香。

 p137

Chapter 2

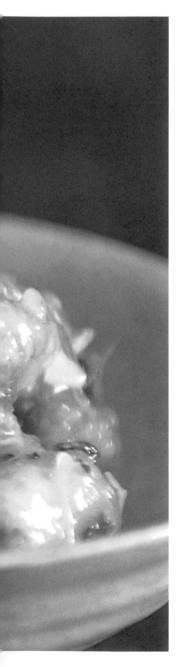

泰式南蠻雞

以檸檬香茅的清爽香氣品嘗南蠻雞肉。

材料 3～4人份
雞腿肉……2塊
（切成一口大小）

A
新鮮檸檬香茅……3根
（綠葉部分15公分）
大蒜……1片（切薄片）
魚露……1大匙
酒……1大匙

太白粉……適量

B
砂糖……3大匙
醋……3大匙
水……1大匙
魚露……1小匙
鹽……1/2小匙
辣椒片……1小匙
新鮮檸檬香茅……1根
（白色的莖部斜切成薄片）
生薑……1片（切薄片）

作法
1. 先將雞肉放在調勻的食材A裡，靜置1小時等待入味。
2. 在雞肉表面裹上太白粉後，捏成圓形，再放入加熱至攝氏200度的炸油裡，炸至金黃酥香為止。
3. 將食材B的材料倒入平底鍋煮沸數分鐘，待香氣逸出鍋外，再倒入太白粉水勾芡，然後淋在雞肉上。

Point

檸檬香茅很硬，所以葉子與莖部盡可能切薄切細。擁有清爽香氣的葉子可用來醃漬雞肉，莖部的白色部分可為南蠻醬汁增香。

生春捲佐花生味噌醬

以甜甜的花生味噌替包有檸檬香茅的生春捲增加重點滋味。

材料 4根量
小隻蝦子……4隻（以鹽水汆
燙，再剖成兩半）
白蘿蔔……1/4根（切成粗絲）
胡蘿蔔……1/3根（切成粗絲）
蘘荷……2顆（切薄片）

A
新鮮檸檬香茅……15公分 3根
（切末）
鹽……1/2小匙
醋……2小匙
砂糖……1/2小匙

米紙（小塊的種類）……4片

花生味噌醬（參考p 204）……
3大匙
醋……1大匙

作法
1. 將白蘿蔔、胡蘿蔔與蘘荷放入盆子裡。
2. 將食材 A 拌入步驟 1 的盆子裡，靜置 30 分鐘等待入味。
3. 讓米紙吸飽水分並等待幾分鐘，直到米紙變軟為止。將蝦子與榨乾水分的步驟 2 食材包在米紙裡，再切成一口大小。
4. 將花生味噌醬與醋拌勻，再附在生春捲旁邊。

香草蘇打

在檸檬香茅混入其他的新鮮香草，製作成香草糖漿。

材料 3～4人份
檸檬香茅、綠薄荷、鳳梨鼠尾
草、檸檬香蜂草這些新鮮香草
……30公克
砂糖……60公克
熱水……600 cc

碳酸水……適量

作法
1. 將新鮮香草撕成不規則的大小後倒入茶壺裡。
2. 倒入砂糖，再注入沸騰的熱水。等待10分鐘後將香草濾掉，再將茶水放入冰箱冷藏，將其製作成香草糖漿。
3. 將香草糖漿與碳酸水 以1:1 的比例倒入玻璃杯中。

Point

只要是香氣優雅的香草都可用於這次的香草蘇打。若打算使用迷迭香或七里香這類香氣強烈的香草，建議少量使用就好。香草糖漿不太耐放，最好幾天之內就用完。

Point

擁有沉穩香氣的檸檬香茅最適合製作香草茶。若要營造更為新鮮的口感，可倒入檸檬或萊姆這類柑橘類的果汁。

泰國青檸

科名：芸香科

利用部位：葉子

原產地：東南亞

學名：*Citrus hystrix*

英文名稱：Kaffir lime

俗名：亞洲萊姆

主要於東南亞使用的一種萊姆，果實的表面具有凹凸的顆粒狀，葉子常被當成香草使用。在市面流通的多是乾燥類型，但新鮮的泰國青檸擁有更容易使用的香氣。在泰國又稱「bai makrut」，在某些市場也以這個名字流通。屬於泰式酸辣湯、綠咖哩這類泰式料理少不了的香料之一。

新鮮泰國青檸

乾燥泰國青檸

功效功能

泡製成茶具有緩解消化不良的效果，也被認為具有鎮靜作用。

香氣特徵

有著清爽的柑橘與青草香氣，若用牙齒輕咬則會散發出類似檸檬草的清香。

使用方法

泰國青檸與月桂葉類似，可用來熬煮高湯，也能用來增加香氣，切碎後，可拌入絞肉或魚漿裡。由於它的纖維較硬，所以使用新鮮的泰國青檸時，最好先切成極細的細末，與豬肉、海鮮、雞肉、椰奶、竹筍、茄子這類常見於東南亞料理的食材都有極佳的適性。

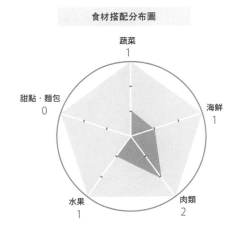

香氣分布圖

香甜 3
清爽 4
刺激 2
特殊香氣 6
濃郁 6

食材搭配分布圖

蔬菜 1
甜點·麵包 0
海鮮 1
水果 1
肉類 2

與味道清淡的白肉魚、雞肉、蝦子都很搭，可營造出異國風味。

於食譜的應用

泰式雞肉丸子

將泰國青檸拌入雞絞肉，消除雞肉的肉腥味，同時營造泰式料理的香氣。　p140

椰奶煮魚

利用泰國青檸消除魚腥味，並為椰奶增添重要的爽朗香氣。　p141

蝦仁鳳梨炒飯

以爽朗的香氣讓整道料理的味道變得一致。　p141

泰式雞肉丸子

利用味道清新的泰國青檸製作泰式雞肉丸子。

材料 4～5人份
雞胸絞肉……200公克
雞腿絞肉……200公克
洋蔥……1/2顆（切末）

A
太白粉……1小匙
鹽……1/2小匙
魚露……1大匙
酒……2小匙
新鮮泰國青檸……2瓣（切末）

沙拉油……2大匙
新鮮芫荽……適量

作法
1. 將切成末的洋蔥與雞絞肉拌勻。
2. 將食材 A 拌入步驟 1 的食材裡，
   拌到肉泥出現黏度後，捏成一口
   大小。
3. 將沙拉油倒入平底鍋加熱後，放
   入步驟 2 的雞肉丸子，煎到熟透
   為止。
4. 附上些許芫荽。

Point

可視個人喜好擠點檸
檬汁或萊姆汁再吃。

Point

新鮮泰國青檸的纖維較
為強韌，建議切碎後再
使用。附上芫荽，可增
添另一股亞洲香氣。

椰奶煮魚

為了讓泰國青檸更容易散發香氣，請撕碎後再使用。

材料 3～4人份
鱈魚片……3片
（切成一口大小後，抹上些
許鹽，再將表面的水氣擦
乾）

A
大蒜……1/2片（切薄片）
新鮮泰國青檸……3瓣（撕
碎）
南薑……2片
魚露……1大匙
砂糖……1小匙
水……100 cc

椰奶……150 cc

新鮮泰國青檸（切絲）……
適量

作法
1. 在切成一口大小的鱈魚表面抹
   鹽，再將滲出的水氣擦乾。
2. 取一只鍋底較寬的鍋子將調勻
   的食材 A 煮沸。
3. 放入鱈魚，並以中小火煮熟。
4. 撈除浮沫，再倒入椰奶稍微燉
   煮一會兒。
5. 附上切成絲的泰國青檸。

Point

泰國青檸的香氣與萊
姆、檸檬都很類似，能
讓椰奶的味道變得更為
圓潤。

Point

若買不到南薑，可利
用生薑代替。鱈魚可
利用鯛魚或金目鯛這
類肉質纖細的白肉魚
代替，也可利用蝦子
代替。

蝦仁鳳梨炒飯

泰國青檸的清爽香氣可讓蝦醬的焦香氣更為厚實。

材料 2人份
蝦子……4尾（切成一口
大小後，灑上些許鹽，
再將滲出的水氣擦乾）
鳳梨……1/8顆（切成一
口大小）
白飯……2碗量

沙拉油……2大匙

鹽……1/2小匙
蝦醬……1小匙
新鮮泰國青檸……4瓣
（切成末）
小蔥……2根（切蔥花）

作法
1. 在平底鍋鍋底抹一層薄薄的沙拉
   油，再倒入蝦子與鳳梨，稍微炒一
   下就取出鍋外備用。
2. 將剩餘的沙拉油倒入鍋中，再倒入
   白飯，炒到炒開為止。
3. 將鹽、蝦醬、泰國青檸、小蔥倒入
   鍋中，再將蝦子與鳳梨倒回鍋中。
4. 一邊翻鍋一邊快速翻炒所有食材。

Point

可放上一顆半熟
的太陽蛋，也可
將太陽蛋直接拌
入飯裡。

141

花椒

科名：芸香科

利用部位：果實

原產地：中國

學名：*Zanthoxylum bungeanum*

英文名稱：Sichuan pepper

俗名：山椒

麻婆豆腐的辣味就是來自花椒，但花椒與日本的山椒是不同種的東西，具有會讓舌頭麻痺的刺激感，也是五香粉之中必有的香料之一，屬於中式料理不可或缺的調味料。傳說在漢朝時期，長安城的女性們所居住的房屋裡，會將花椒混在牆壁的土裡，讓房間得以暖和，也能聞到花椒的香味，而這間房間就稱為「椒房」。西式料理幾乎不會使用花椒，而四川料理則通常用來增加辣味。

顆粒狀

一般認為四川產的花椒是最高等級的品種，完全成熟的花椒稱為紅花椒，尚未成熟的稱為綠山椒，兩者各有不同的用途。

粉狀

功效功能

自古以來就被當成中藥使用，被認為具有健胃、鎮痛等功效。

於食材的應用

香氣特徵

擁有讓人想起胡椒的辛香氣，也散發著如柑橘般的爽朗香氣，但聞起來也很像樟腦。

使用方法

顆粒狀的花椒可與肉類或蔬菜這類食材一同翻炒與燉煮，但記得將裡頭具有明顯苦味的黑色部分先去掉。花椒粉的香氣很容易逸散，建議在起鍋之前再加。

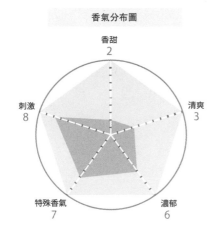

香氣分布圖

香甜 2
清爽 3
濃郁 6
特殊香氣 7
刺激 8

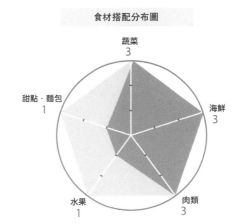

食材搭配分布圖

蔬菜 3
海鮮 3
肉類 3
水果 1
甜點・麵包 1

可搭配任何食材使用。若想增加麻痺般的辣味與中式風味，花椒絕對是不二人選。

於食譜的應用

原味湯

花椒可用來增添微微的辣味與風味，讓單調的湯更有深度。

p144

竹筍炒豆豉

利用花椒與辣椒一同營造四川風味的香氣。

p145

原味湯

以微辣滋味為重點的冬粉湯。

材料 2〜3人份

白蘿蔔……1/2根（切成
2公分的丁狀）

蔥白……3根（切成2公
分長度的蔥花）

香菇……2朵（切成2公
分左右的塊狀）

A

雞高湯……500 cc

酒……1大匙

紹興酒……1大匙

鹽……1小匙

花椒粉……1/2小匙

冬粉……50公克
（先泡在熱水裡幾分鐘，
直到泡軟為止）

花椒粉……適量

作法

1. 將食材 A、白蘿蔔、蔥白、香菇倒入
   鍋中以中火加熱。

2. 一邊撈除浮沫，一邊轉以小火熬煮
   20〜30分鐘，直到食材全部煮熟煮
   軟為止。

3. 途中湯汁若快煮乾，可加水進去，起
   鍋前將冬粉倒入鍋中。

4. 盛碗後，灑上些許花椒。

Point

最後灑上花椒可讓刺激
的辣味更為明顯。燉煮
時，也可加入辣椒，煮出
適合個人的辣度。

Point

生香菇請盡可能選購
厚一點的，也可使用
泡發的乾香菇代替。

竹筍炒豆豉

最後灑點花椒，讓爽朗的風味飄現。

材料 2～3人份
煮孟宗竹……1根
（切成一口大小）
麻油……2大匙

A
豆豉……1大匙（切末）
辣椒片……1小匙
大蒜……1片（切末）

酒……1大匙
紹興酒……1大匙

花椒粉……1小匙

白蔥……適量（切成蔥絲）

作法
1. 將麻油倒入中式炒鍋加熱後，倒入竹筍，炒至變色為止，再將竹筍撥到鍋邊。
2. 將食材 A 倒入炒鍋裡輕輕拌炒，再倒入酒與紹興酒，再與竹筍一同拌炒。
3. 關火前灑入花椒粉，再快速攪拌一下。
4. 附上蔥絲。

Point

花椒粉的香氣濃而撲鼻，關火前再加入即可。食材 A 容易燒焦，關火後再迅速加入也沒問題。

其他種類的亞洲香料 & 香草

香氣、形狀都很有個性的香料，是熬煮泰式酸辣湯與泰式咖哩不可或缺的存在。

南薑

科名：薑科
利用部位：塊莖
原　地：印度東部
學名：*Alpinia.galanga*
英文名稱：Galangal
俗名：南薑

南薑又稱泰國薑，屬於泰式咖哩必用的薑科香料之一，其香味較一般的生薑來得高雅清爽。於市面流通的通常是乾燥的南薑，不過樟腦般的香氣太強，所以新鮮的南薑反而比較方便使用。南薑與生薑的用法類似，切片的南薑可放在燉煮類的料理使用，切末的南薑則可用於熱炒類的料理，不過南薑比生薑更能營造異國風味。南薑與雞肉、海鮮的適性極佳，也常用於泰式酸辣湯。

新鮮南薑

乾燥南薑

中國薑

科名：薑科
利用部位：塊莖
原　地：東南亞
學名：*Boesenbergia pandurata*
英文名稱：Finger root
俗名：手指薑

正如手指薑這個名稱一樣，中國薑是一種形狀有如手指般的薑科香料。與南薑同樣會在泰式咖哩或燉煮類的泰式料理裡出現，但因為具有較明顯的土味，所以最好與味道濃重的食材一同搭配使用。

新鮮中國薑

日式
香料 & 香草
Japanese

日本人自幼熟悉的山椒與香橙。利用香料的馨香
勾起食慾的日式食譜。

山椒

科名：芸香科

利用部位：果實

原　地：日本

學名：*Zanthoxylum piperitum*

英文名稱：Japanese pepper

俗名：山椒

日本人耳熟能詳的山椒擁有悠久的歷史，從石器時代的貝塚就已發現了山椒的種籽。山椒與花椒雖然同科，但山椒擁有較明顯的柑橘清香。山椒的功能不在於增加辣味，而是替料理增加香氣，葉子與果實也擁有相同的功能。新年飲用屠蘇酒的習俗是在平安時代從中國傳入日本，而用來泡製屠蘇酒的屠蘇散裡就含有山椒。

乾燥顆粒狀的山椒

枝椏無刺的朝倉山椒、顆粒碩大，適合栽培的葡萄山椒、香氣迷人的高原山椒，栽培用的山椒可分成非常多樣的品種。

粉狀

水煮山椒
顆粒狀的山椒帶有澀味，必須經過多次水煮才能去澀，但經過水煮後，就變得很方便使用。

功效功能

一般認為具有健胃、鎮痛的功能。

於食材的應用

香氣特徵

具有柑橘香氣與清新的香氣。

使用方法

顆粒狀的山椒與甜甜鹹鹹的醬汁很搭，可在翻炒的時候加入，也可用來醃漬或燉煮食材，當然也很適合用在紅燒牛肉裡。葉子可為料理增添猶如春天般的香氣，但使用之前，最好先將葉子放在掌心拍打幾下，讓香氣更容易釋放。山椒粉可消除油膩感，常灑在鰻魚或串燒這類料理的表面。

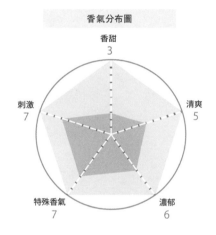

香氣分布圖

香甜 3
清爽 5
刺激 7
特殊香氣 7
濃郁 6

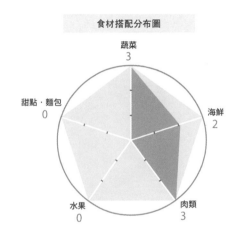

食材搭配分布圖

蔬菜 3
甜點・麵包 0
海鮮 2
水果 0
肉類 3

山椒可搭配各種食材使用，與紅燒類的料理或蒲燒魚都很搭配。

於食譜的應用

蒲燒沙丁魚

利用山椒粉消除魚腥味，並讓油膩的口感變得清爽。
p150

日式高湯醬菜

顆粒狀的山椒可讓味道單純的高湯增添爽朗的風味。
p151

山椒燉牛肉

加入水煮山椒，可讓味道濃重的紅燒牛肉變得容易入口。
p151

蒲燒沙丁魚

為了保留高雅的山椒香氣，請在盛盤後再灑入即可。

材料 2人份
沙丁魚……3尾（剖成3片後，灑
上1/2小匙的鹽，再將表面滲出
水氣擦乾）
太白粉……適量
炸油……適量

A
醬油……3大匙
砂糖……2大匙
水……3大匙

山椒粉……適量
鴨兒芹……適量

作法
1. 將太白粉鋪灑在沙丁魚表面，再將沙丁魚放入
   預熱至攝氏180度的炸油裡，炸至金黃酥香為
   止。
2. 將食材A倒入平底鍋調勻，加熱後，放入剛剛
   炸好的沙丁魚，再將醬汁裹在沙丁魚表面。
3. 盛盤後，灑點山椒，再點綴些許鴨兒芹。

Point

為了不讓山椒粉與
醬汁拌在一起，請
務必最後再灑。

Point

可利用竹筴魚或秋
刀魚代替沙丁魚。

日式高湯醬菜

散發著顆粒狀的山椒香氣，是日本家家戶戶必備的日常菜色。

Point

使用顆粒狀的乾燥山椒可讓醬菜增加爽朗的香氣。

材料 2～3人份
蓮藕……2節
（去皮後，滾刀切塊，再泡入醋水備用）
小黃瓜……2根（切成容易入口的大小，再灑上些許鹽）

A
高湯……100 cc
鹽……1小匙
砂糖……2小匙
醬油……1小匙
味醂……1小匙
醋……3小匙
顆粒狀的乾燥山椒……1小匙

Point

可利用花椰菜或胡蘿蔔代替這次的食材。若將香料換成花椒粒，並在最後淋點麻油，這道料理就轉換成所謂的中式風味。

作法
1. 將蓮藕快速汆燙一遍，再瀝乾水分。
2. 調勻食材 A 之後，將步驟 1 的蓮藕與瀝去水分的小黃瓜一同放在食材 A 裡醃漬。
3. 將食材放入保鮮袋，讓所有食材都接觸到醃漬液，並放在冰箱裡冷藏一天，直到所有食材都入味為止。

山椒燉牛肉

水煮山椒與牛肉一同熬煮，可讓牛肉增添微微刺激的風味。

材料 2～3人份
整塊牛肉……300公克（切成一口大小後，灑上1/2小匙的鹽，靜置一會兒，再將表面滲出的水分擦乾）
蔥……3根（切成段）

A
生薑……2片（切薄片）
水煮山椒……1大匙
酒……50 cc
醬油……50 cc
砂糖……1大匙

作法
1. 將牛肉放入鍋中，再倒入淹過牛肉高度的水量，然後開火加熱。
2. 撈除浮沫後，將食材 A 倒入鍋中，再蓋上鍋蓋，以中小火燜煮 1 小時半，直到牛肉煮軟為止。
3. 最後放入蔥段，煮到蔥段變軟為止。

Point

使用沒有澀味的水煮山椒慢慢熬煮，可讓牛肉多些清爽的香氣。

151

香橙

科名：芸香科

利用部位：果實

原產地：中國

學名：*Citrus junos*

英文名稱：Yuzu

俗名：柚子

在日本料理之中表現冬天已然來到的象徵就是香橙。香橙於飛鳥、奈良時代就已留下栽培的紀錄，但原本是產自中國的植物。自古以來，香橙就常被使用，是一種具代表性的佐味料，除了用於七味辣椒粉，香橙皮與辣椒一同製成的香橙胡椒也是九州地區的傳統調味料之一。製作香橙胡椒時，綠辣椒搭配綠香橙製作，紅辣椒則搭配成熟的黃香橙製作。輪島地區還有柚餅子這種糯米甜點，而製作這種甜點時，會將糯米製成的餡填入挖空的柚子皮裡，然後經過多次蒸煮與乾燥就算完成，而這種甜點其實也是一種保存食物。

於食材的應用

功效功能

一般認為，香橙具有促進血液循環、消除疲勞這類的放鬆效果。

香氣特徵

具有爽朗的柑橘香氣與香橙特有的濃郁香氣。

使用方法

若要替料理增香，可切成片或絲的皮點綴在料理上。此外，挖空果肉的果皮也可當成裝盛料理的器皿使用。其他還能用來製作橘子醬或是以砂糖醃漬的柚子茶，使用的範圍可説非常廣泛。

香氣分布圖

- 香甜 4
- 清爽 3
- 濃郁 5
- 特殊香氣 8
- 刺激 2

食材搭配分布圖

- 蔬菜 3
- 海鮮 2
- 肉類 3
- 水果 3
- 甜點・麵包 3

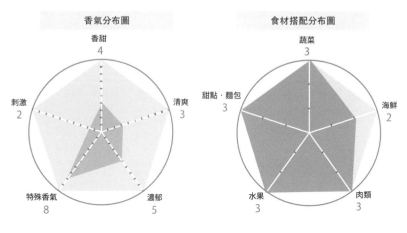

於食譜的應用

清雅的高湯與清淡的料理都很適合使用香橙，也是表現冬季香氣的法寶之一。

鯛魚蕪菁米沙拉

香橙可蓋掉鯛魚的魚腥味，也讓這道沙拉帶有柔和的酸味。

p153

柚香干貝

利用冬季的季節感與爽朗的香氣突顯料理。

p154

鯛魚蕪菁米沙拉

最後灑點磨散的香橙皮，讓料理洋溢新鮮的香氣。

材料 2～3人份

白飯……1.5合（1合約150公克，請事先炊熟）

生魚片等級鯛魚……1片（在表面抹點鹽，再放入冰箱冷藏一會兒，拿出來擦乾表面水分後，再剖成片狀）

蕪菁……3顆（切成薄片後，灑點鹽，再將水分擠乾）

A

醋……4大匙

鹽……2小匙

砂糖……2大匙

香橙皮……2顆量（磨成末）

香橙汁……2顆量（榨汁）

香橙皮……適量

鴨兒芹……適量（將撕下來的葉子泡在水裡，讓葉子更加水嫩）

白芝麻……適量（可先將半量的芝麻研磨一遍，或是利用菜刀稍微剁一剁）

作法

1. 將食材 A 調和成壽司醋，再一點一點拌入白飯裡，將白飯製作成醋飯。

2. 將蕪菁拌入步驟1的醋飯裡，再等待醋飯降溫。

3. 將醋飯盛入盤中，鋪上鯛魚肉再灑點芝麻。

4. 最後灑點磨細的香橙皮，再鋪上大量的鴨兒芹。

Point

若在醋飯淋上香橙汁，可讓醋飯多一股特別的香氣，最後可灑點磨細的香橙皮。

153

柚香干貝

利用香橙的香氣讓耗時煮出甜味的干貝變得更為清雅。

材料 2～3人份
生魚片等級的干貝……6顆
鹽……1/2小匙
酒……1大匙
香橙皮……少許（剖成1片或2片）

香橙皮……適量
香橙汁……適量
蘿蔔嬰……適量

作法
1. 將酒與鹽灑在干貝表面，再將干貝放入耐熱容器裡，然後將香橙皮放入容器裡，此時別讓香橙皮蓋在干貝上。
2. 將耐熱容器放入蒸籠蒸30分鐘，讓干貝慢慢被蒸熟。
3. 將干貝盛入碗中，淋上香橙汁，再灑點磨細的柚子皮。最後裝飾些許蘿蔔嬰即可。

Point

香橙皮與干貝一同蒸煮後，干貝就會吸收香橙的香氣。最後可灑一點香橙皮當裝飾。

Point

除了干貝之外，也可改用鱈魚或鯛魚這類白肉魚，一同蒸煮時，記得別讓香橙蓋在干貝上，不然干貝會染到香橙的顏色。

其他種類的日式香料 & 香草

光是當成佐味料使用，就能透過清新的辣味與香氣烘托料理。

Shiso
紫蘇

科名：唇形科
利用部位：葉子
原 地：中國南部、喜馬拉雅
學名：*Perilla frutescens*
英文名稱：Perilla
俗名：紫蘇

新鮮紫蘇

紫蘇 *Perilla frutescens*

青紫蘇常被當成生魚片的配料或是做成天婦羅，也因為是一種香味清新的蔬菜，所以日本料理也很常使用。紅紫蘇通常用於替梅乾染香與增加香氣。在越南，會將紫蘇切成末放入麵料理或沙拉裡。若希望紫蘇釋放更多香氣，可先放在掌心拍打幾下。除此之外，穗紫蘇與紫蘇的果實也能當成生魚片的配菜與料理的裝飾使用。

Myoga
蘘荷

科名：薑科
利用部位：花蕾
原 地：東亞
學名：*Zingiber mioga*
英文名稱：Myoga
俗名：茗荷

蘘荷 *Zingiber mioga*

屬於薑科植物之一，花穗部分可食用。嫩芽又被稱為蘘荷筍，一樣是可食用的部位。蘘荷與蔥類似，常被當成佐味料使用，但其實它擁有清爽的香味與舒爽的苦味，與各種食材都很搭配，而且若仿照生薑放入醋裡醃漬，就會染成粉紅色。

新鮮的蘘荷

Wasabi
山葵

科名：十字花科
利用部位：地下莖
原 地：日本
學名：*Eutrema wasabi*
英文名稱：Wasabi
俗名：芥末

新鮮山葵

山葵 *Eutrema wasabi*

屬於十字花科的植物，磨成泥的根部可當成佐味料使用，但葉子的部分也擁有類似的刺激味道，可做成熱炒菜或佃煮來吃。市面上的山葵醬雖然價格平實也很方便使用，但其實這種醬是在山葵裡加入辣根或芥末製成的東西，與新鮮山葵那清新脫俗的辣味與爽朗的滋味有些微妙的差異。研磨之際，不妨使用鯊魚皮板，可磨出質地更細緻、味道更高雅的山葵。

Chapter 3
綜合香料的配方

將多種香料混合，就能調配出單一香料所
無法呈現的深奧香氣與味道。世界各國都
有專屬的傳統綜合香料，而接下來我們將
為大家介紹幾個以傳統綜合香料為基底
的配方，並且介紹一些額外添加香料，讓
傳統香料展現另一股香氣的調配方法。

綜合香料的基本知識

綜合香料的調配方式可分成兩種，第一種是將香味類似的香料調成溫潤香氣的方式，第二種則是將香氣不同的香料調在一起的方法。當香味類似的香料配在一起，香氣較為統一，而香味不同的香料則可烘托彼此，營造更有深度的香氣。調配的方式沒有特別規則，可視料理種類與個人喜好調整香料的種類與比例。

香料的
歷時效果

香料的
綜合效果

多種香料剛調和的時候，各種香料的香味仍各異其趣，直到放了一段時間之後，各種香料的香氣才能融為一體，而這種效果就稱為香料的歷時效果。之所以會有如此結果，是因為香料本身的精油成分漸趨熟成的關係。將香料收納在密封的袋子或瓶子裡，並且放置在陰涼之處幾天，就能聞到更為圓融一致的香氣。

九種基本的綜合香料

01 **異國基底**
孜然 + 芫荽 + 凱焰辣椒粉

02 **BBQ基底**
紅椒粉 + 肉豆蔻 + 眾香子

03 **中式基底**
花椒 + 生薑

04 **歐洲基底**
生薑 + 肉桂

05 **豬肉料理基底**
肉豆蔻 + 丁香 + 白胡椒

06 **牛肉料理基底**
丁香 + 肉桂 + 眾香子

07 **成熟風飲料基底**
小豆蔻 + 丁香

08 **南法基底**
迷迭香 + 馬郁蘭草 + 百里香

09 **義大利基底**
羅勒 + 奧勒岡

01 **異國基底**
（孜然+芫荽+凱焰辣椒粉）

這是香氣四溢與辣味鮮明的香料調配而成的綜合香料，一聞就讓人聯想到中東或亞洲的異國基底。有些咖哩也使用這種配方，還可加在淋醬或醬汁使用，或拌在漢堡肉與肉丸裡，用途可說非常廣泛。

芫荽

孜然

凱焰辣椒粉

印度綜合香料 ／ 孜然 + 芫荽 + 凱焰辣椒粉

＋ 肉豆蔻　小豆蔻　黑胡椒　丁香

比例　孜然粉……15公克
芫荽粉……5公克
凱焰粉……7公克
肉豆蔻……1公克
小豆蔻……1公克
黑胡椒粉……3公克
丁香粉……1公克

在異國基底加入幾種香氣各異的香料，就是印度傳統綜合香料「葛拉姆瑪薩拉」。這種傳統綜合香料除了可營造咖哩風味，也能用來醃漬肉類與蔬菜，另外還能用於燉煮類料理。葛拉姆瑪薩拉可視個人口味決定香料的比例，所以每個家庭都有專屬的配方，而除了上述的香料之外，有的還會加入肉桂、生薑、葛縷子或月桂。

香煎香料雞

材料 4人份
A
印度綜合香料……1小匙
鹽……2小匙

雞腿肉……2片（去筋後，切成容易入口的大小）
沙拉油……1大匙

新鮮西洋芹……適量

作法
1. 食材 A 調勻，再抹在雞肉表面。
2. 將沙拉油抹在步驟 1 的雞肉表面，靜置1小時等待入味。
3. 在平底鍋鍋底抹一層沙拉油，放入雞肉煎至鬆軟為止。
4. 灑一點剁碎的西洋芹。

Point

將優格倒入印度綜合香料，再將雞肉放在裡頭醃漬，就是一道印度咖哩雞。也可放入洋蔥一同醃漬。這種料理方式同樣可應用於豬肉或白肉魚的料理。

墨西哥綜合香料 /  01 孜然 + 芫荽 + 凱焰辣椒粉 ＋ 芫荽葉

比例 孜然粉……5公克
芫荽粉……1公克
凱焰辣椒粉……1公克
新鮮芫荽

在異國基底加入墨西哥料理絕少不了的新鮮芫荽，就成了墨西哥風味的綜合香料。

墨西哥風
酪梨蝦子沙拉

材料 4人份
A
墨西哥綜合香料……1/2小匙
新鮮芫荽……2～3根（切成小段）

B
小蝦子……20尾（灑鹽後，汆熟）
酪梨……2顆（去籽剝皮，再切成一口大小，然後淋點檸檬汁）
洋蔥……1/4顆（切成薄片後，泡在水裡一會兒再撈出來瀝乾水分）
鹽……1/2小匙
檸檬汁……1/4顆量
橄欖油……1大匙

墨西哥綜合香料……適量
新鮮芫荽……適量
檸檬（切成梳子狀）……適量

作法
1. 將食材 A 調勻。
2. 將步驟 1 的食材 A 與食材 B 倒入盆子裡拌勻。
3. 最後灑點墨西哥綜合香料，再點綴芫荽與檸檬。

Point
可透過凱焰辣椒粉的用量調整辣度，酸味則由檸檬汁的多寡調整。

塔吉綜合香料 01 孜然
+
芫荽
+
凱焰辣椒粉

+ 丁香 肉豆蔻 黑胡椒 百里香

比例 孜然粉⋯⋯10公克
芫荽粉⋯⋯10公克
凱焰辣椒粉⋯⋯7公克
丁香粉⋯⋯1公克
肉豆蔻粉⋯⋯1公克
黑胡椒粉⋯⋯2公克
乾燥百里香⋯⋯1公克

在異國基底加入丁香與肉豆蔻這類香氣深奧的香料,即可調配出塔吉綜合香料。可抹在羊肉、雞肉與蔬菜表面再蒸熟,也可用於燉煮羊肉與豆類料理。

塔吉風味的羊肉丸子

材料 *4人份*

A
塔吉綜合香料⋯⋯1小匙

B
羊肉⋯⋯300公克(切斷筋之後,打成肉泥)
洋蔥⋯⋯1顆(切末)
太白粉⋯⋯1大匙
鹽⋯⋯1/2小匙

C
洋蔥⋯⋯1顆(切成2公分的丁狀)
胡蘿蔔⋯⋯1根(切成2公分的塊狀)
茄子⋯⋯1根(切成2公分的塊狀)
芹菜⋯⋯1根(切成2公分的片狀)
整顆番茄罐頭⋯⋯1/2罐
白酒⋯⋯2大匙

鹽⋯⋯1小匙

作法
1. 將食材 B 與1/3量的食材 A 倒入盆中,徹底揉拌後,捏成適當大小的肉丸。
2. 將肉丸放入鍋中,再注入淹過肉丸高度的水量,開火煮至沸騰。撈掉湯面的浮沫後,轉成小火加熱。
3. 將剩下的食材 A 與食材 C 全部倒入鍋中燉煮30分鐘,待全體帶有些許黏稠度再以鹽調味。

Point

手邊若沒有芹菜,可利用一小撮芹菜籽代替。

Point

塔吉綜合香料別一次全加,可在羊肉的醃漬與烹調過程中分成兩次使用。若想增加辣度,可調整凱焰辣椒粉的量。

161

綜合香料的配方

BBQ 基底
（紅椒粉+肉豆蔻+眾香子）

這是紅椒粉基底的BBQ風味香料。與鹽一同抹在肉類或蔬菜表面再煎，就能輕鬆端上一整盤BBQ料理。這種香料也很適合用於火烤料理或燉煮類料理。

肉豆蔻

紅椒粉

眾香子

辣椒粉 / 02 紅椒粉 + 肉豆蔻 + 眾香子 ＋ 孜然　芫荽　凱焰辣椒粉　乾燥奧勒岡

比例 紅椒粉……10公克
肉豆蔻粉……7公克
眾香子粉……3公克
孜然粉……10公克
芫荽粉……5公克
凱焰辣椒粉……10公克
乾燥奧勒岡……1公克

將BBQ基底的香料當成提味料使用，再搭配孜然與芫荽這類香氣強烈的香料，就是被稱為辣椒粉的墨西哥綜合香料。可利用辣味較不明顯的紅辣椒或是乾辣椒代替配方裡的紅椒粉與凱焰辣椒粉。

墨西哥辣肉醬

材料 方便製作的份量
A
辣椒粉……1.5小匙
鹽……2小匙

綜合絞肉……200公克
洋蔥……1顆（切末）
大蒜……1片（切末）
沙拉油……1大匙
整顆番茄罐頭……1/2罐
紅腰豆（水煮）……100公克
大豆（水煮）……100公克

B
白酒……50 cc
水……50 cc
新鮮芫荽……適量

作法
1. 將食材 A 調勻。
2. 將沙拉油倒入平底鍋加熱，再倒入大蒜、洋蔥、綜合絞肉與半量的食材 A 一同拌炒。
3. 當食材全部煮熟，肉腥味也全然消失後，倒入整顆番茄罐頭、紅腰豆與大豆，再倒入食材 B。加熱過程中請撈取浮沫。
4. 倒入剩下的食材 A，邊炒邊煮20分鐘，直到所有食材都入味為止。最後擺上芫荽當裝飾。

Point

以辣椒粉與鹽炒絞肉，可讓絞肉的肉腥味與水分消散。為了讓豆類食材也能入味，請在燉煮之際再倒入剩下一半的辣椒粉。

Point

可搭配西洋芹與芫荽葉這類香氣濃郁的香草與生菜享用。

海鮮BBQ香料 / 02 紅椒粉 + 肉豆蔻 + 眾香子 ＋ 小茴香 丁香 奧勒岡 百里香

比例 紅椒粉……20公克
肉豆蔻粉……5公克
眾香子粉……2公克
小茴香粉……3公克
丁香粉……1公克
新鮮奧勒岡
新鮮百里香

在BBQ基底加入能以香甜氣味抑制魚腥味的小茴香，以及清新香氣系列的新鮮香草，即可配出這種適合海鮮使用的BBQ香料。

蝦子BBQ

材料 4～5人份
A
海鮮BBQ香料……1小匙
新鮮奧勒岡……3根（摘除堅韌的莖部再切成末）
新鮮百里香……3根（摘除堅韌的莖部再切成末）
鹽……1小匙

帶頭蝦子……10尾（剖腹）
橄欖……2大匙

新鮮奧勒岡……適量
檸檬……適量

作法
1. 將食材 A 調勻。
2. 將食材 A 灑在蝦子表面，入味後，再抹上橄欖油靜置1小時。
3. 以蝦殼朝下的方向將蝦子排入平底鍋裡，再以中火加熱蝦子，直到裡外熟透為止。加熱過程中可用鍋鏟壓煎蝦子。
4. 附上檸檬與奧勒岡。

Point

新鮮的奧勒岡與百里香可勾勒出蝦子的纖細滋味。若打算使用乾燥的香料，則可將用量控制在一小撮的範圍內。醃漬時，也可同時放入大蒜與洋蔥。

03

中式基底
（花椒+生薑）

微辣的花椒與生薑的搭配，可調出中式料理的氣味。這兩種香料沒有特殊的氣味，但只要在醃漬炸雞的時候，或是在熱炒與中式湯品裡加一點，就能讓料理綻放濃郁的香氣。料理起鍋前，灑一小撮增香也不錯喔。

生薑

花椒

燒賣綜合香料 ／ 03 花椒 + 生薑 ＋ 丁香 黑胡椒

比例 花椒粉……6公克
生薑粉……2公克
丁香粉……1公克
黑胡椒粉……3公克

在中式基底加入香氣甘甜的丁香與黑胡椒，能讓香料更具深度與醇味。這是一種能將燒賣的豬絞肉甜味徹底引出的配方。

Point

若要製作的是海鮮燒賣，可利用小茴香粉代替丁香粉，如此味道將變得更為圓融。將紹興酒拌入香料，可讓味道更形香醇。

燒賣

材料 4人份

A
燒賣綜合香料……1小匙
鹽……1/2小匙

豬絞肉……300公克
燒賣皮……20張

B
洋蔥……1/2顆
小蝦子……10尾（剝殼後，挑去沙筋）
太白粉……1小匙
紹興酒……1大匙

黃芥末醬……適量
醋……適量
醬油……適量

作法
1. 調勻食材 A。
2. 將食材 B 倒入食物調理機打成細末，再拌入豬絞肉與食材 A。
3. 用抹刀將內餡包入燒賣皮裡，再將燒賣擺在鋪有白菜或生菜的蒸籠裡，持續蒸15分鐘，直到燒賣裡外熟透為止。
4. 附上黃芥末醬、醋與醬油。

| 五香粉 | 03 | 花椒 + 生薑 | + | 八角 | 肉桂 | 小茴香 |

比例 花椒粉……2公克
生薑粉……2公克
八角粉……1公克
肉桂粉……1公克
小茴香粉……2公克

在中式基底加入八角與小茴香這類香甜的香料，就是中國最具代表性的綜合香料「五香粉」。這次介紹的是突顯八角香氣的配方，但有時也可摻入陳皮或丁香。用來調配的香料不一定只能五種，因為五香粉的特徵在於渾然一體的芳香與淡淡的苦味。五香粉在滷豬肉這類醬油味的中式燉煮料裡是不可或缺的香料，若是用於肉丸的製作，更可營造濃濃的中式風味。手邊若能隨時準備五香粉，就能灑在拉麵上增加風味，或是揉進餃子的內餡裡增加醇味。

中式燉雞

材料 4～5人份
A
五香粉……1/2小匙
鹽……1小匙

雞腿肉……1.5片（切成一口大小後，灑上1小撮鹽）
蓮藕……2節（以滾刀切成一口大小，再泡入醋水備用）
蔥白……2根量（切成3公分長）

B
生薑……1片（切片）
醬油……2大匙
砂糖……1/2小匙
紹興酒……2大匙

新鮮芫荽……適量

作法
1. 調和食材 A。
2. 將雞肉放入鍋中，再倒入淹過雞肉高度的水量，接著以小火加熱，並於加熱過程中撈除浮沫。
3. 將蓮藕、蔥白、食材 A、B 倒入鍋中。蓋上鍋蓋悶煮 30 分鐘，直到雞肉煮軟為止。
4. 將食材盛入碗中，再擺上芫荽當裝飾。

Point
五香粉可在雞肉煮熟，撈除浮沫後再加。八角也是五香粉的必要配方，與醬油類的燉煮料理非常對味。

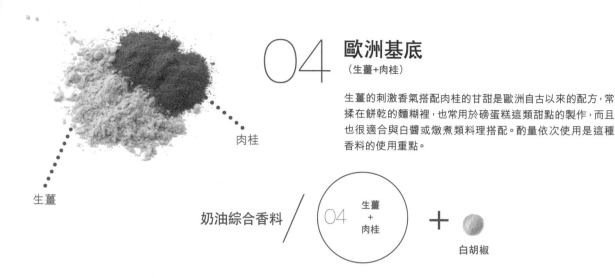

○4 歐洲基底
（生薑+肉桂）

生薑的刺激香氣搭配肉桂的甘甜是歐洲自古以來的配方，常揉在餅乾的麵糊裡，也常用於磅蛋糕這類甜點的製作，而且也很適合與白醬或燉煮類料理搭配。酌量依次使用是這種香料的使用重點。

奶油綜合香料 ／ ○4 生薑 + 肉桂 ＋ 白胡椒

比例　生薑粉……7公克
　　　肉桂粉……1公克
　　　白胡椒粉……2公克

在歐洲基底加入略帶刺激、香味卻十分高雅的白胡椒。就是歐洲家庭都非常熟悉的奶油風味。

雞肉粟子奶油煮

材料 4～5人份
A
奶油綜合香料……1/2小匙
鹽……1小匙

雞腿肉……1.5塊（切成一口大小後，灑1小匙鹽）
白酒……100 cc
粟子……15顆（剝皮）
洋蔥……1顆（切薄片）
月桂葉……1瓣
鮮奶……50 cc
鹽……少許
新鮮細葉芹……適量

黑胡椒……少許

作法
1. 調和食材 A。
2. 將雞肉放入厚實一點的鍋子裡後，倒入白酒，再注入淹過雞肉高度的水，以小火加熱。過程中請撈除浮沫。
3. 倒入粟子、洋蔥後，稍微攪拌一下，再將湯面的浮沫撈除，接著倒入月桂葉與食材 A。
4. 當雞肉與粟子經過30～40分鐘燉煮後，倒入鮮奶油攪拌，再以鹽調味。
5. 點綴些許細葉芹，再灑點現磨黑胡椒作為最後的收尾重點。

Point

奶油綜合香料請酌量使用，才能讓粟子的甜味更為明顯，最後可灑點黑胡椒作為結尾。

烘焙甜點綜合香料 / 04 生薑 + 肉桂 ＋ 小豆蔻

比例 生薑粉⋯⋯6公克
肉桂粉⋯⋯2公克
小豆蔻粉⋯⋯3公克

在歐洲基底加入柑橘香氣的小豆蔻粉，可緩解生薑的嗆辣，營造爽朗的香氣。很適合用於烘焙甜點與水果酒的製作。

充滿香料氣息的乾燥水果餅乾

材料 12片量
A
烘焙甜點綜合香料⋯⋯1/2小匙
鹽⋯⋯少許
砂糖⋯⋯40公克

奶油⋯⋯40公克（在室溫底下放軟）
蛋黃⋯⋯1顆量
低筋麵粉⋯⋯60公克（先過篩）
乾燥水果⋯⋯30公克

作法
1. 調和食材 A。
2. 將步驟 1 的食材 A 與奶油一同倒入盆子裡，再以打蛋器打至變白冒泡為止。
3. 加入蛋黃並徹底攪拌。倒入低筋麵粉後，以橡膠刮刀快速拌勻，接著倒入乾燥水果並稍微攪拌一下，最後放至冰箱冷藏 1 小時，再將麵糊延展成6～7 mm厚的狀態，然後切成正方形的形狀。
4. 將切成正方形的麵糊排入烤盤裡，再送入預熱至攝氏180度的烤箱中烘焙12～15分鐘，直到裡外通熟，表面呈現酥色為止。

Point
若要讓香料的氣味更加明顯，可少量加入肉豆蔻粉或眾香子粉這類香氣刺激的香料。乾燥水果可多用幾種增加風味，也能與香料更融為一體。

肉豆蔻 　　　　　　　　　　白胡椒

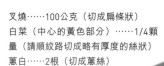

丁香

05 豬肉料理基底
（肉豆蔻+丁香+白胡椒）

這些能消除肉腥味的香料組合之後，特別適合用來烹調豬肉，而且肉豆蔻與丁香除了能消除肉腥味，其特殊的甘甜香氣還能引出油脂的甜味。這種綜合香料可揉進漢堡肉或是在香煎豬排的時候加一小撮。

豬肉料理基底
中式風味 ／ 05 肉豆蔻 + 丁香 + 白胡椒 ＋ 花椒　小茴香

比例　肉豆蔻粉……3公克
　　　丁香粉……1公克
　　　白胡椒粉……2公克
　　　花椒粉……5公克
　　　小茴香粉……1公克

在豬肉料理基底加入微辣的花椒與香甜的小茴香，就調配出中式風味。這種綜合香料可與醬油搭配，也能用於燉煮類與熱炒類料理。若是不愛八角味道的人，可將五香粉換成這種綜合香料。

叉燒白菜沙拉

材料 2～3人份
A
中式豬肉料理香料……1/2小匙
鹽……1/2小匙

叉燒……100公克（切成扁條狀）
白菜（中心的黃色部分）……1/4顆量（請順紋路切成略有厚度的絲狀）
蔥白……2根（切成蔥絲）

麻油……適量

作法
1. 將食材 A 調和。
2. 將叉燒、白菜、蔥放入盆子裡。
3. 以食材 A 與麻油拌勻步驟 2 的食材。

Point

若要增加帶有辣味的花椒粉，可利用香甜的小茴香粉將口味調得圓潤一些。

白菜先拌入麻油再拌入香料時，就能嘗得到清脆的口感，若是先拌入香料再淋麻油，則可品嘗軟嫩的口感。

法式綜合香料
(Quatre épices)

05 肉豆蔻 + 丁香 + 白胡椒

＋ 小豆蔻

比例 肉豆蔻粉……4公克
丁香粉……1公克
白胡椒粉……6公克
小豆蔻粉……2公克

在豬肉料理基底加入清爽刺激的小豆蔻粉，就是法國知名的Quatre épices綜合香料（四種香料）。雖然這種綜合香料是由四種香料調配，但香料的種類不一定限於四種，可視個人喜好加入生薑、眾香子或茴香。是一種能應用於烘焙甜點或料理的萬能綜合香料。

焗烤馬鈴薯

材料 2人份

A
法式綜合香料……1/2小匙
鹽……1/2小匙

馬鈴薯……3顆
（蒸熟後刮去外皮，再切成1公分厚度的片狀）
奶油……適量

B
鮮奶油……200 cc
鹽……1/2小匙
砂糖……1/2小匙

符合個人口味的起司……適量

作法
1. 將食材 A 調和。
2. 馬鈴薯蒸熟刮去外皮後，切成 1 公分厚的片狀。
3. 在焗烤盤裡抹上奶油，排入馬鈴薯，再灑入半量的步驟 1 食材。
4. 將食材 B 倒入剩一半的步驟 1 食材裡，拌勻後，製作成焗烤醬。
5. 將步驟 4 的醬汁淋在馬鈴薯上，再將焗烤盤送入預熱至攝氏 200 度的烤箱裡烤 15 分鐘，直到整個食材都熱到冒泡泡為止。
6. 先取出焗烤盤，鋪上起司，再放回提高溫度至攝氏 250 度的烤箱裡加熱，直到起司完全融化為止。

Point

法式綜合香料可分成兩半使用，一半用於醃漬馬鈴薯，另一半用於焗烤醬汁。分成兩次使用，可讓整道料理都帶有香料的香氣。

Point

若是直接將切成薄片的生馬鈴薯疊在焗烤盤裡烤，就是法國傳統料理的馬鈴薯千層派（Gratin Dauphinois）。

肉桂

丁香

眾香子

06 牛肉料理基底
（丁香+肉桂+眾香子）

將香氣類似的香料們組合起來，會比單一香料擁有更為圓融與深奧的香氣。這次的綜合香料可用於牛肉料理，特別適合用來替牛肉漢堡或牧羊人派（shepherd's pie）添香。除此之外，也能用於替肉醬與牛排醬提味。

牛肉燉菜綜合香料 /
06
丁香
+
肉桂
+
眾香子

＋

百里香　迷迭香

在牛肉料理基底加入香氣強烈的香草系香料，就調製出適合燉煮類料理使用的綜合香料。

比例　肉桂粉……1公克
　　　　丁香粉……2公克
　　　　眾香子粉……1公克
　　　　黑胡椒……2公克
　　　　乾燥百里香……1公克

　　　　新鮮迷迭香

Point

燉煮時加入乾燥百里香與新鮮迷迭香，可讓所有食材都吸收它們的香氣。迷迭香的香氣非常強烈，差不多加熱20分鐘就可以取出鍋外。

牛肉香菇燉菜

材料 3～4人份
A
牛肉燉菜綜合香料……1/2小匙
鹽……1小匙

牛肉塊……400公克（切成一口大小後，灑1/2小匙鹽，靜置一會兒，將滲出表面的水氣擦乾）
洋蔥……1顆（切薄片）
大蒜……1片（切薄片）
芹菜……1根（切薄片）
整顆番茄罐頭……1/2罐
紅酒……1/2瓶
鴻喜菇……1包
白色洋菇……1包
褐色洋菇……1包
沙拉油……適量

鹽……1小匙
砂糖……2小匙
新鮮迷迭香……1根
月桂葉……1瓣
奶油……20公克

※作法請見右頁。

聖代綜合香料 ／ 06 丁香 + 肉桂 + 眾香子 ＋ 香莢蘭

牛肉料理基底的綜合香料也能用於鮮奶油或牛奶製成的甜點，也與乾燥水果或巧克力這類味道濃厚的甜點對味，若是再加入香莢蘭，就更適合用於甜點的製作了。

比例 丁香粉……1公克
肉桂粉……2公克
眾香子……1公克

香莢蘭豆

乾燥水果與核果聖代

材料 磅蛋糕模型1個量
A
聖代綜合香料……2小撮
砂糖……3大匙

鮮奶油……150 cc
牛奶……100 cc
蛋黃……1顆量
香莢蘭……1/3根（切開豆莢，將裡頭的豆子取出）
葡萄乾……2大匙（先浸泡在蘭姆酒裡泡軟備用）
核果……50公克

作法
1. 先將食材 A 調和。
2. 將鮮奶油與步驟 1 的食材倒入盆子裡，再將鮮奶油打至 8 分發。
3. 將蛋黃、香莢蘭豆倒入牛奶，再倒入葡萄乾與核果，接著將整盆食材倒入鋪有烤盤紙的磅蛋糕模型裡。
4. 放至冰箱冷藏，直到凝固為止。冷藏過程中，可不時攪拌一下。最後可切成小塊端上桌享用。

作法
1. 先將食材 A 調和。
2. 取一只厚實一點的鍋子，將沙拉油、大蒜、洋蔥、芹菜撥入鍋中翻炒，待食材炒軟後，將牛肉與步驟 1 的食材倒入鍋中，煮到鍋緣的食材都熟透後，倒入整顆番茄罐頭與紅酒，再煮到沸騰為止。過程中記得撈除浮沫。
3. 將準備的三種菇類、鹽、砂糖、新鮮迷迭香、月桂葉倒入鍋中，以小火燉煮1～1小時半，直到牛肉煮軟為止。過程中可不時攪拌一下。
4. 最後加入奶油。

Point

香莢蘭豆容易變硬，所以請利用牛奶逐量溶解，然後再倒入剩下的牛奶裡。可利用香草精或香草油代替。

丁香

小豆蔻

07 成熟風飲料基底
(小豆蔻+丁香)

香氣各異的香料能烘托出彼此的香氣與個性，而這種組合除了可搭配葡萄酒，也與酒精類飲料、可可或是味道濃厚的巧克力非常對味。

茶香綜合香料 /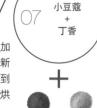
07 小豆蔻 + 丁香

在成熟風飲料基底加入香甜的肉桂與清新刺激的生薑，就可嘗到濃厚的風味。加在烘焙甜點裡也好吃喔。

＋

肉桂　　生薑

比例　小豆蔻……1公克
　　　丁香……1公克
　　　肉桂……2公克
　　　生薑……5公克

茶（加砂糖）

材料 1杯量
A
茶香綜合香料……1/2小匙
砂糖……2小匙

B
水……100 cc
紅茶茶葉……1小匙

牛奶……150 cc

作法
1. 先將食材 A 調和。
2. 將食材 B 與步驟 1 的食材 A 倒入鍋中以中火加熱。
3. 熬煮2～3分鐘，待顏色變濃後，倒入牛奶繼續加熱。

Point
砂糖與茶香綜合香料均勻攪拌後，味道將更為一致。粉狀的香料比較容易釋放香氣，可輕易喝到充滿香料香氣的茶品。

茶（無糖）

材料 1杯量
A
顆粒狀的小豆蔻……3顆
顆粒狀的丁香……5顆
肉桂棒……1/4根（碾碎）
生薑粉……1小匙

B
水……100 cc
紅茶茶葉……1小匙

牛奶……150 cc

作法
1. 將食材 A 的香料與食材 B 倒入鍋中，以中火加熱。
2. 熬煮2～3分鐘，煮到顏色變濃後，倒入牛奶繼續加熱。

Point
若不摻砂糖，就使用能釋放纖細香氣的顆粒狀的香料熬煮。

搭配肉桂棒飲用，香氣更加誘人

熱紅酒

材料 紅酒1/2瓶量

A

顆粒狀的小豆蔻……7～8顆

顆粒狀的丁香……3顆

橘子皮……10片

（沒有的話可以10公分的橘子皮代替）

肉桂棒……1/4根

茴香種籽……1小撮

砂糖……2～3大匙

紅酒……1/2瓶

作法

1. 先調和食材 A。

2. 將步驟 1 的食材 A 與紅酒倒入小鍋裡煮至沸騰，再改以小火煮 2～3 分鐘。

熱紅酒綜合香料

07 小豆蔻 + 丁香

＋

橘子皮　肉桂　茴香

在成熟風飲料基底加入與果實對味的香料，例如柑橘類的橘子皮、香甜的肉桂與清爽的茴香，讓香氣更有深度，也讓紅酒的味道更為突出。

Point

可利用橘子醬代替橘子皮與砂糖。

西班牙水果紅酒綜合香料

07 小豆蔻 + 丁香

＋

肉桂　黑胡椒

西班牙水果白酒綜合香料

07 小豆蔻 + 丁香

＋

茴香

西班牙水果紅酒的調製是在成熟風飲料基底加入香甜的肉桂與黑胡椒，讓味道更為香醇；西班牙水果白酒則是增加了茴香的清新香氣，可搭配檸檬或蘋果這類滋味清爽的水果。

西班牙水果紅酒

材料 紅酒 1 瓶量

A

顆粒狀的小豆蔻……5公克

顆粒狀的丁香……2公克

肉桂棒（碾碎）……5公克

顆粒狀的黑胡椒……5公克

砂糖……70公克

紅酒……1瓶

橘子……1顆

（切成銀杏狀）

作法

1. 將食材 A 與橘子放入紅酒靜置一晚。

2. 將紅酒倒入放了冰塊的玻璃杯即可。

西班牙水果白酒

材料 白酒 1 瓶量

A

顆粒狀的小豆蔻……10公克

顆粒狀的丁香……2公克

茴香粉……2公克

砂糖……70公克

白酒……1瓶

蘋果……1顆（切成銀杏狀）

檸檬……1/2顆（切成銀杏狀）

作法

1. 將食材 A 與蘋果、檸檬放入白酒靜置一晚。

2. 將白酒倒入放了冰塊的玻璃杯即可。

Point

砂糖容易在杯底沉澱，需不時攪拌一下。

173

綜合香料的配方

可可綜合香料 / ⑦ 小豆蔻 + 丁香 ＋ 肉桂　香莢蘭（香草精油）

在成熟風飲料基底加入肉桂與香莢蘭，可營造更鮮明的滋味。這種綜合香料除了可應用在可可這項飲料，還可用於法式巧克力蛋糕與巧克力餅乾。

比例　小豆蔻粉……5公克
　　　　丁香粉……2公克
　　　　肉桂粉……5公克

可可

材料 1杯量
A
可可綜合香料……2小撮
砂糖……2大匙

可可粉……1大匙（過篩）
牛奶……200 cc
香草油……3～4滴

作法
1. 先將食材 A 調和。
2. 將可可粉與步驟 1 的食材倒入小鍋裡，以小火慢慢加熱。
3. 以打蛋器攪拌至稍微出現黏稠度後，倒入 1 大匙左右的牛奶，再繼續攪拌。
4. 逐量倒入牛奶，並且慢慢地攪拌，避免食材因此結塊。倒完所有牛奶後，繼續加熱。
5. 在鍋子移開火源之前再拌入香草油。

Point

香草油的香氣容易揮發，最好在關火前再加。也可改用香莢蘭豆。

可可綜合香料 / 07 小豆蔻 + 丁香 ＋ 肉桂 香莢蘭

比例　小豆蔻粉……2公克
　　　丁香粉……2公克
　　　肉桂粉……6公克

在易顯單調的肉桂與香莢蘭的香氣裡調入
小豆蔻與丁香這種成熟風飲料基底的組
合，讓生巧克力的滋味變得更為濃醇深奧。
這種綜合香料也能應用於巧克力蛋糕與巧
克力餅乾。

成熟風生巧克力

材料 6～7人份
A
可可綜合香料……1/2小匙
砂糖……30公克

甜點專用巧克力（可可含量達70％
以上）……300公克（切細）
蘭姆酒……1大匙
鮮奶油……100 cc（加熱至攝氏70
度）
香莢蘭豆……1/4根（將種籽從豆
莢刮出後，預拌至鮮奶油裡備用）
可可粉……適量

作法
1. 先將食材 A 調和。
2. 將甜點專用巧克力放入盆中，
   以隔水加熱方式加熱至融化。
   將盆子從熱水上面移開後，再
   倒入蘭姆酒與步驟 1 的食材。
3. 以每次1/5量的方式將鮮奶油逐
   量倒入巧克力，倒的時候需同
   時攪拌，接著逐量倒入加熱過
   的鮮奶油或牛奶，讓食材產生
   乳化現象。
4. 在淺盆子底部鋪一層保鮮膜，
   再將巧克力平整地倒入盆子
   裡，接著將淺盆子的底部往桌
   上摔幾次，以便讓巧克力裡面
   的氣泡消失，最後放至冰箱冷
   藏，等待巧克力凝固。
5. 切成適當的大小，再灑點可可
   粉。

Point

蘭姆酒可用君度橙酒或杏
仁甜酒代替。

Point

香莢蘭豆的處理可先利用
菜刀在豆莢割出刀口，再
利用刀尖將裡頭的種籽刮
出來。將香莢蘭豆的種籽
拌入鮮奶油，可增加香甜
芳醇的氣味。

175

08 南法基底
（迷迭香+馬郁蘭草+百里香）

這是南法常用的香草組合，可增加清香也能抑制臭味，常用來替熟悉的西式料理增加南法香氣。除了會於普羅旺斯燉菜使用之外，也常用來替歐姆蛋這道料理添香，也很適合用於肉類、海鮮、炙烤蔬菜與油炸類食物的醃漬。迷迭香的香氣較為強烈，使用時，需格外注意用量與使用時機點。

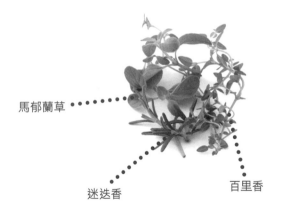

馬郁蘭草

迷迭香   百里香

香草烤豬肉

材料 3～4人份
A
新鮮馬郁蘭草……2枝（將枝椏堅硬的部分摘除，再剁成細末）
新鮮百里香……2枝（將枝椏堅硬的部分摘除，再剁成細末）
黑胡椒……1/2小匙
鹽……2小匙

豬肉塊（可使用肩里肌）……400公克（分切成兩塊）
馬鈴薯……3顆（可切成兩半或1/4顆）
沙拉油……2大匙
新鮮迷迭香……1枝

新鮮百里香……適量

作法
1. 先將食材 A 調和。
2. 將2/3量的步驟1食材抹在豬肉表面，再以餐巾紙包覆，放至冰箱冷藏一晚。
3. 在豬肉與馬鈴薯表面抹上沙拉油，再將剩下的步驟1食材抹在馬鈴薯表面。
4. 將步驟 3 的食材排在烤盤裡，並將新鮮迷迭香鋪在食材上。將烤盤送入預熱至攝氏180度的烤箱裡烤40分鐘，直到豬肉內部熟透為止。迷迭香的香氣較為強烈，可在烘烤途中先行取出。
5. 擺盤後，在一旁點綴些許百里香。

Point
將切成末的新鮮香草與鹽抹在豬肉表面，靜置一晚後，豬肉的肉腥味與水分就會脫去，香氣也將滲入內部。假若迷迭香的用量較少，也可在此時一同抹在豬肉的表面。

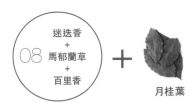

08 迷迭香
+
馬郁蘭草
+
百里香

+ 月桂葉

這次是在南法基底加入乾燥的月桂葉。利用乾燥的月桂葉調和其他香料，就是這種被稱為普羅旺斯香草的綜合香料。這種綜合香料除了能在普羅旺斯燉菜這類燉煮類的料理使用，也可用來醃肉或是用於馬賽魚湯與利用香草添香的油煎類料理。有時會另外加入薰衣草、奧勒岡與香薄荷。

普羅旺斯燉菜

材料 3～4人份

A
新鮮馬郁蘭草……2枝
新鮮百里香……2枝
月桂……1枝
新鮮迷迭香……1枝

B
洋蔥……1顆（去皮後，切成一口大小）
茄子……1根（切成一口大小）
彩椒……1顆（切成一口大小）
胡蘿蔔……1根（刨皮後，切成一口大小）
芹菜……1根（刨除表面堅硬的粗纖維後，切成一口大小）
大蒜……1片（拍碎後，將芯摘除）

C
整顆番茄罐頭……1/2罐
白酒……50 cc
鹽……1小匙

橄欖油……2大匙
新鮮百里香……適量

作法

1. 取一只厚底鍋加熱橄欖油，再將食材 B 放入鍋中炒。待所有食材都吃到油，倒入食材 C 並快速攪拌幾下，最後蓋上鍋蓋燜煮數分鐘。
2. 撈除浮沫後，加入食材 A 這些新鮮香草，將鍋蓋蓋回，以小火燜煮30分鐘，過程中，記得偶爾打開鍋蓋攪拌一下，也可順便將迷迭香拿出來。
3. 點綴些許百里香。

Point

這次是將新鮮香草連枝放入鍋中增香。迷迭香的香氣較為強烈，可在燉煮過程中先行取出。馬郁蘭草與百里香的枝椏也可一併取出。馬郁蘭草可用香氣類似的奧勒岡代替。

奧勒岡

羅勒

義大利基底
（羅勒+奧勒岡）

這是義大利料理最常使用的香草組合了，除了披薩與義大利麵，只要是使用起司與番茄烹調的料理，都能使用這種綜合香料。若買不到新鮮的香草，也可改用乾燥香草，但乾燥香草的香氣較明顯，使用時得控制用量。

在義大利基底的綜合香料加入黑胡椒，讓新鮮香草的香氣融為一體。

這種綜合香料與利用起司、番茄烹調的純樸料理很對味。若買不到新鮮香草，也可用乾燥香草代替，但是使用時，必須控制用量。

Point

倘若使用了百里香或鼠尾草這類擁有強烈香氣的新鮮香草，就能營造出更為成熟的風味。重點在於酌量使用。

Point

若打算搭配葡萄酒一同品嘗，紅酒可選用藍紋起司，白酒則可選用半硬質系的起司。

香草起司香烤麵包片

材料 3～4人份
A
新鮮羅勒……適量
新鮮奧勒岡……適量
粗研磨黑胡椒……適量

短棍麵包……1根
（斜切成3公分厚度的薄片）
符合個人口味的起司……數種

作法
1. 將短棍麵包斜切成3公分厚的薄片。
2. 將起司與食材 A 的香草鋪在步驟 1 的麵包片，再將麵包片放入預熱至攝氏200度的烤箱裡，烤到起司融化為止。

義式水煮鯛魚

材料 2人份

A
新鮮羅勒……7〜8瓣
新鮮奧勒岡……3枝

真鯛……1尾（刮除魚鱗與掏掉內臟
後，灑上1/2小匙的鹽靜置一會兒，
再將滲出表面的水分擦乾）

大蒜……1片（拍碎）
小番茄……10顆（切成兩半）
白酒……50 cc
橄欖油……2大匙
鹽……1/2小匙

新鮮義大利西洋芹……適量

作法
1. 將食材 A 的新鮮香草塞入鯛魚的
   腹中，再將鯛魚放入鍋底較廣的
   鍋子裡。
2. 將小番茄灑入步驟 1 的鍋子裡，
   並將大蒜鋪在鯛魚上。
3. 倒入白酒、橄欖油，灑點鹽，蓋
   上鍋蓋燜煮10分鐘，直到鯛魚
   裡外熟透為止。途中記得撈除浮
   沫，若感覺魚肉快被煮焦，記得
   額外加水。
4. 最後灑點義大利西洋芹收尾。

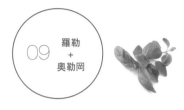

09　羅勒
　　＋
　　奧勒岡

Point

將新鮮的羅勒與奧勒岡
拌在一起，可創造爽朗
的風味。若另外加入百
里香與小茴香，香氣將
變得更為濃郁。

Point

充滿鯛魚的美味與
香草香氣的湯品，
也很適合與燉飯或
義大利麵搭配。

179

綜合香料的配方

The arrangement of
curry powder

180

Chapter 4
咖哩香料的配方

這次要介紹的是讓食材展現原本風味,讓料理變得更加美味的獨門綜合咖哩香料。希望各位讀者能一嘗跳脫舊有框架、跨越國籍的咖哩料理。

綜合咖哩香料配方

咖哩香料的基礎香料可分成孜然/芫荽/生薑三種,之後再以需要的辣度與香氣另外加入次要香料的薑黃/肉桂/凱焰辣椒粉/黑胡椒/丁香/月桂。只要備齊這些香料,就能調配出需要的咖哩粉。之後若依食材加入增味香料,就能調配出更複雜、更有深度的咖哩香料。本書雖然介紹了下列的香料,但各位讀者可依照手邊有的香料與依照個人喜好調整配方與比例。

基礎香料

孜然	芫荽	生薑

次要香料

薑黃	肉桂	凱焰辣椒粉	胡椒	丁香	月桂

增味香料

小茴香	花椒	小豆蔻	眾香子	紅椒粉	芹菜籽	奧勒岡	馬郁蘭草	百里香	肉豆蔻

調配重點

調和基礎香料與次要香料之後,先聞聞看香氣的變化,一邊想像咖哩的風味,一邊以香氣強烈或辣味明顯的香料為主軸,依照肉類、魚類或蔬菜的種類補上對味的香料,調整出專屬自己的味道。

烹調重點

為了避免綜合咖哩粉的香味太早揮發,不要讓最初加入的咖哩粉炒過頭是烹調時的重點。待咖哩煮到濃稠時,最後再加入咖哩粉,就能煮出美妙的香味。咖哩剛煮好的時候,食材的味道還來不及彼此融合,只有在靜置一晚後,香料、湯頭與食材的味道才會真的融為一體,也才能醞釀出絕妙的滋味。建議各位讀者可一邊攪拌一邊等待咖哩降溫,之後再放入冰箱冷藏。

Curry
1. 基本的咖哩粉

這是一種能搭配各種食材，香氣與辣度都均衡的配方。

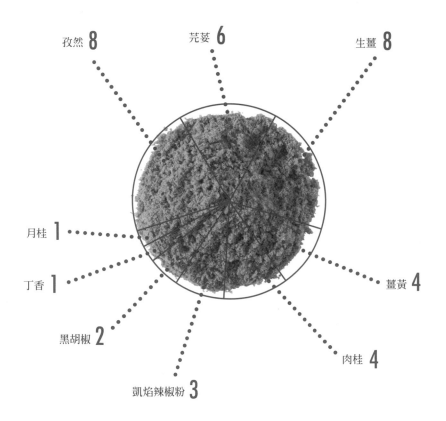

孜然 8

芫荽 6

生薑 8

月桂 1

丁香 1

黑胡椒 2

凱焰辣椒粉 3

薑黃 4

肉桂 4

比例

基礎香料
孜然 8 公克／芫荽 6 公克／生薑 8 公克

次要香料
薑黃 4 公克／肉桂 4 公克／凱焰辣椒粉 3 公克／黑胡椒 2 公克／丁香 1 公克／月桂 1 公克

雞肉香菇咖哩飯

材料 3～4人份

基礎咖哩粉……2大匙

雞胸肉……1片（切成一口大小後，抹上1/2小匙的鹽）
杏鮑菇……2根（切薄片）
鴻喜菇……1包（切掉根部後，拆散）
大蒜……1片（切末）
生薑……1片（切末）
沙拉油……3大匙
洋蔥……2顆（切末）
鹽……1小匙

A

整顆番茄罐頭……1/2罐
（以果汁機或食物調理機打成泥）
白酒……40 cc
水……50cc
鹽……1/2小匙
砂糖……1大匙

作法

1. 將大蒜、生薑、沙拉油倒入鍋中，以小火加熱。
2. 待香氣逸出鍋外，倒入洋蔥與鹽，改以中小火邊攪拌邊炒15分鐘，直到洋蔥的體積縮小一半為止。
3. 倒入1.5大匙的基礎咖哩粉，並且快速攪拌，以免咖哩粉炒焦，接著倒入食材A煮至沸騰。
4. 倒入雞胸肉、杏鮑菇與鴻喜菇，再以小火持續燉煮30分鐘，直到整體湯汁變得濃稠為止。過程中請記得撈除浮沫。
5. 拌入1/2匙的基本咖粉，攪拌後，加熱至沸騰為止。
6. 將咖哩放至冰箱冷藏一晚。吃之前先重新加熱，並以鹽與砂糖調味。

Point

最後加入少量的咖哩粉，可讓咖哩增加新鮮的香料。冷藏一晚後，食材、湯頭與香料的味道將融為一體。

彩椒香菇咖哩

材料 3～4人份
基礎咖哩粉……2大匙

雞胸肉……1片
　（切成一口大小再抹1/2小匙鹽）
彩椒……2顆
　（切成容易入口的大小）
杏鮑菇……1根（切薄片）
大蒜……1片（切末）
生薑……1片（切末）
沙拉油……3大匙
洋蔥……2顆（切末）
鹽……1小匙

A
整顆番茄罐頭……1/2 罐
（放入果汁機或食物調理機
打成泥）
白酒……40 cc
水……50 cc
鹽……1/2 小匙
砂糖……1 大匙

作法
1. 將大蒜、生薑、沙拉油倒入鍋中，以小火加熱。
2. 待香氣逸出鍋外，倒入洋蔥與鹽，改以中小火加熱15分鐘，過程中請持續拌炒，直到洋蔥的體積縮減一半為止。
3. 倒入1.5大匙的基礎咖哩粉後快速拌炒，以免咖哩粉焦掉，接著再倒入食材 A 繼續加熱。
4. 倒入雞胸肉、彩椒、杏鮑菇，再改以小火加熱30分鐘，煮到所有食材都變得黏稠為止。過程中請撈出浮沫。
5. 拌入1/2大匙的基礎咖哩粉，再煮沸一次。
6. 待咖哩餘溫散去，放入冰箱冷藏一晚。食用時，先重新加熱，再以鹽與砂糖調味。

Point
除了彩椒，也可大量使用茄子、青椒這類夏季蔬菜。

Curry

2. 花椒基底的咖哩粉

這是以常見於中式料理的花椒為重點的配方。加入香甜的
小茴香將可讓咖哩的味道更為溫醇。這種咖啡粉很適合與
蔬菜或豬絞肉搭配。

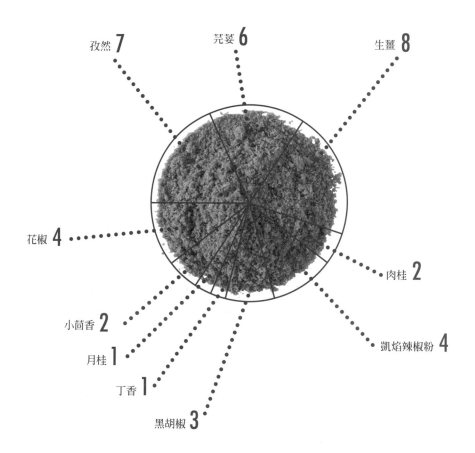

孜然 **7**　　芫荽 **6**　　生薑 **8**

花椒 **4**

肉桂 **2**

小茴香 **2**

凱焰辣椒粉 **4**

月桂 **1**

丁香 **1**

黑胡椒 **3**

比例

基礎香料
孜然 7 公克／芫荽 6 公克／生薑 8 公克

次要香料
肉桂 2 公克／凱焰辣椒粉 4 公克／黑胡椒 3 公克／丁香 1 公克／月桂 1 公克

增味香料
小茴香 2 公克／花椒 4 公克

白菜絞肉咖哩

材料 3～4人份
花椒基底咖哩粉……2大匙

豬絞肉……150公克
白菜……1/4棵（切成容易入口的大小）
白蔥……2根（切成容易入口的長度）

大蒜……1片（切末）
生薑1片（切末）
沙拉油……3大匙
洋蔥……2顆（切末）
鹽……1小匙

A
整顆番茄罐頭……1/2罐
（放入果汁機或食物調理機打成泥）
白酒……40 cc
鹽……1/2小匙

Point
白菜熬煮會邊出水，所以食材A不需要另外加水調勻。

作法
1. 將大蒜、生薑、沙拉油放入鍋中以小火加熱。
2. 待香氣逸出，將洋蔥與鹽倒入鍋中，以中小火持續拌炒15分鐘，直到洋蔥的體積縮小一半為止。
3. 倒入豬絞肉炒熟後，倒入1.5大匙的花椒基底咖哩粉，再快速拌炒一下。
4. 倒入食材A煮滾後，倒入白菜與白蔥。改以小火熬煮30分鐘，直到所有食材變得黏稠為止。過程中請記得撈除浮沫。
5. 拌入1/2大匙的花椒基底咖哩粉，再煮滾一次食材。
6. 待咖哩餘溫退散後，放至冰箱冷藏一晚。食用時，先重新加熱再以鹽與砂糖調味。

冬瓜咖哩

材料 3～4人份
花椒基底咖哩粉……2大匙

豬絞肉……150公克
冬瓜……1/2棵
白色鴻喜菇……1/2包

大蒜……1片（切末）
生薑1片（切末）
沙拉油……3大匙
洋蔥……2顆（切末）
鹽……1小匙

A
整顆番茄罐頭……1/2罐
（放入果汁機或食物調理機打成泥）
白酒……40 cc
鹽……1/2小匙
醬油……1大匙

Point
冬瓜可換成瓠瓜或蕪菁，白色鴻喜菇則可換成一般的鴻喜菇。

作法
1. 將大蒜、生薑、沙拉油放入鍋中以小火加熱。
2. 待香氣逸出，將洋蔥與鹽倒入鍋中，以中小火持續拌炒15分鐘，直到洋蔥的體積縮小一半為止。
3. 倒入豬絞肉炒熟後，倒入1.5大匙的花椒基底咖哩粉，再快速拌炒一下。
4. 倒入食材A煮滾後，倒入冬瓜、白色鴻喜菇，改以小火熬煮30分鐘，直到所有食材變得黏稠為止。過程中請記得撈除浮沫。
5. 拌入1/2大匙的花椒基底咖哩粉，再煮滾一次食材。
6. 待咖哩餘溫退散後，放至冰箱冷藏一晚。食用時，先重新加熱再以鹽與砂糖調味。

Curry

3. 丁香基底的咖哩粉

這次介紹的是以丁香那濃郁香氣為特徵的配方。香氣強烈的丁香會隨著時間與食材融合，香氣也益發明顯，因此適當地控制用量是使用時的重點。額外加入肉豆蔻或眾香子這類香甜的香料，再以小豆蔻增添清爽的香氣。若是再加入紅椒粉或奧勒岡，就能醞釀出更具震撼力的味道。這種咖哩粉很適合與牛肉搭配。

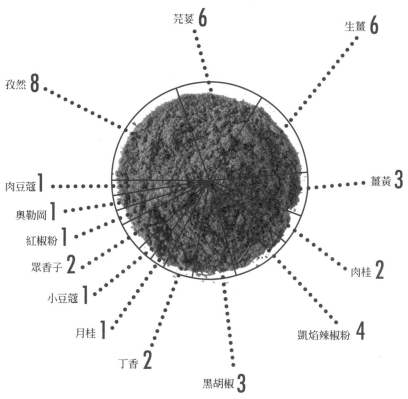

芫荽 6
生薑 6
孜然 8
薑黃 3
肉豆蔻 1
奧勒岡 1
紅椒粉 1
肉桂 2
眾香子 2
小豆蔻 1
月桂 1
凱焰辣椒粉 4
丁香 2
黑胡椒 3

比例

基礎香料
孜然 8 公克／芫荽 6 公克／生薑 6 公克

次要香料
薑黃 3 公克／肉桂 2 公克／凱焰辣椒粉 4 公克／黑胡椒 3 公克／丁香 2 公克／月桂 1 公克

增味香料
小豆蔻 1 公克／眾香子 2 公克／紅椒粉 1 公克／奧勒岡 1 公克／肉豆蔻 1 公克

乾咖哩

材料 3～4人份

丁香基底咖哩粉……2大匙

牛豬綜合絞肉……400公克

大蒜……1片（切末）
生薑……1片（切末）
沙拉油……3大匙
洋蔥……2顆（切末）
鹽……1小匙
葡萄乾……2大匙
彩椒……1顆（切丁）

A

整顆番茄罐頭……1/2罐
（放入果汁機或食物調
理機打成泥）
紅酒……100 cc
鹽……1小匙
砂糖……3大匙

Point

這道咖哩也可
作為熱三明治
的食材使用。

作法

1. 將大蒜、生薑、沙拉油放入鍋中以小
   火加熱。
2. 待香氣逸出，將洋蔥與鹽倒入鍋中，
   以中小火持續拌炒15分鐘，直到洋蔥
   的體積縮小一半為止。
3. 倒入綜合絞肉炒熟後，倒入1.5大匙
   的丁香基底咖哩粉，再快速拌炒一
   下，接著倒入食材A煮滾。
4. 撈除浮沫後，倒入葡萄乾與彩椒，改
   以小火熬煮1小時，直到食材出現光
   澤，鍋裡的水分收乾為止，熬煮過程
   中請不時攪拌。
5. 拌入1/2大匙的丁香基底咖哩粉，再
   煮滾一次食材。待咖哩餘溫退散後，
   放至冰箱冷藏一晚。食用時，先重新
   加熱再以鹽與砂糖調味。

Point

甜甜鹹鹹的乾咖哩與葡
萄乾、彩椒都很對味。
可拌著薄荷一同享用。

189
咖哩香料的配方

牛肉咖哩

材料 3～4人份
丁香基底咖哩粉……2大匙

牛 肉……400公克（切成一口
大小與抹上1/2小匙的鹽，將表
面的水氣擦乾）
鴻喜菇……1包（切除根部，拆
散）
杏鮑菇……2根（切成一口大
小）

大蒜……1片（切末）
生薑……1片（切末）
沙拉油……3大匙
洋蔥……2顆（切末）
鹽……1小匙

A
整顆番茄罐頭……1/2罐
（放入果汁機或食物調理機打
成泥）
紅酒……100 cc
鹽……1/2小匙
砂糖……2大匙

新鮮西洋芹……適量
鮮奶油……適量

作法
1. 將大蒜、生薑、沙拉油放入鍋中以小火加熱。待
   香氣逸出，將洋蔥與鹽倒入鍋中，以中小火持續
   拌炒15分鐘，直到洋蔥的體積縮小一半為止。
2. 倒入1.5大匙的丁香基底咖哩粉，再快速拌炒一
   下，接著倒入食材A煮滾並撈除浮沫。
3. 倒入牛肉與撈除浮沫後，改以小火熬煮1小時30
   分鐘，直到牛肉變軟為止。
4. 倒入鴻喜菇與杏鮑菇再繼續熬煮10分鐘。拌入
   1/2大匙的丁香基底咖哩粉，再煮滾一次食材。
5. 待咖哩餘溫退散後，放至冰箱冷藏一晚。食用
   時，先重新加熱再以鹽與砂糖調味。
6. 淋上鮮奶油再灑點西洋芹當裝飾。

Point

最後淋上鮮奶油可讓咖
哩的味道變得圓潤。灑
上西洋芹，可營造出西
式餐廳的風格。

咖哩香料的配方

Curry

4. 薑黃基底的咖哩粉

薑黃擁有甘甜與優雅的香氣，與蔬菜或椰奶的適性極佳。
這次香氣強烈的香料僅少量使用，次要香料裡的黑胡椒也
以白胡椒代替。為了讓咖哩粉的優雅香氣更有深度，另外補
上小茴香與肉豆蔻這種氣味香甜的香料，以及擁有刺激嗆
辣香味的香料。

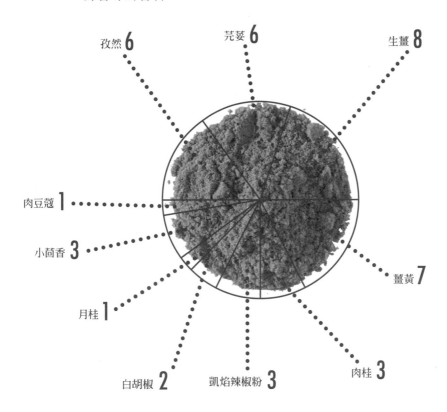

孜然 6　　芫荽 6　　生薑 8

肉豆蔻 1

小茴香 3

月桂 1

薑黃 7

白胡椒 2　　凱焰辣椒粉 3　　肉桂 3

比例

基礎香料
孜然 6 公克／芫荽 6 公克／生薑 8 公克

增味香料
小茴香 3 公克／肉豆蔻 1 公克

次要香料
薑黃 7 公克／肉桂 3 公克／凱焰辣椒粉 3 公克／白胡椒 2 公克／月桂 1 公克

茄子羅勒雞肉咖哩

材料 3～4人份
薑黃基底咖哩粉……2大匙

雞胸肉……1片（切成一口大小後，抹上1/2小匙鹽）
茄子……3顆（切成一口大小後，泡水去澀）
新鮮羅勒……20瓣

大蒜……1片（切末）
生薑……1片（切末）
沙拉油……3大匙
洋蔥……2顆（切末）
鹽……1小匙

A
整顆番茄罐頭……1/2罐
（放入果汁機或食物調理機打成泥）
白酒……40 cc
水……50 cc
鹽……1/2小匙

Point
羅勒一經久煮，香氣就會逸散，顏色也會變黑，所以請在起鍋前再加。靜置一晚後，羅勒的香氣將滿布整道料理。

作法
1. 將大蒜、生薑、沙拉油放入鍋中以小火加熱。
2. 待香氣逸出，將洋蔥與鹽倒入鍋中，以中小火持續拌炒15分鐘，直到洋蔥的體積縮小一半為止。
3. 倒入1.5大匙的薑黃基底咖哩粉，再快速拌炒一下，接著倒入食材A煮滾。
4. 撈除浮沫後，倒入雞肉與茄子，改以小火熬煮30分鐘，直到整體食材變得濃稠為止。
5. 拌入1/2大匙的薑黃基底咖哩粉，再將撕碎的羅勒灑進鍋裡，同時再次煮滾食材。
6. 待咖哩餘溫退散後，放至冰箱冷藏一晚。食用時，先重新加熱再以鹽與砂糖調味。最後裝飾些許羅勒。

南瓜扁豆椰奶咖哩

Point
扁豆不需泡發就能使用。倘若使用的是水煮的扁豆，可在南瓜煮到一定熟度後再倒入。

材料 3～4人份
薑黃基底咖哩粉……2大匙

雞胸肉……1片（切成一口大小後，抹上1/2小匙鹽）
南瓜……1/4顆（切成約3 mm厚的銀杏狀）
乾燥扁豆……50公克

大蒜……1片（切末）
生薑……1片（切末）
沙拉油……3大匙
洋蔥……2顆（切末）
鹽……1小匙

A
整顆番茄罐頭……1/2罐（放入果汁機或食物調理機打成泥）
白酒……40 cc
椰奶……165 ml（先將結塊打散）
鹽……1/2小匙
砂糖……1小匙

新鮮奧勒岡……適量

作法
1. 將大蒜、生薑、沙拉油放入鍋中以小火加熱。
2. 待香氣逸出，將洋蔥與鹽倒入鍋中，以中小火持續拌炒15分鐘，直到洋蔥的體積縮小一半為止。
3. 倒入1.5大匙的薑黃基底咖哩粉，再快速拌炒一下，接著倒入食材A煮滾。
4. 撈除浮沫後，倒入雞胸肉，再倒入南瓜與扁豆，改以小火熬煮30分鐘，直到南瓜與扁豆熟透，整體食材變得濃稠為止。
5. 拌入1/2大匙的薑黃基底咖哩粉，並且再次煮滾食材。
6. 待咖哩餘溫退散後，放至冰箱冷藏一晚。食用時，先重新加熱再以鹽與砂糖調味。
7. 最後裝飾些許奧勒岡。

Curry

5. 肉豆蔻基底的咖哩粉

這種香料與菠菜、牛蒡這類味道深濃的蔬菜十分對味。這次使用百里香與眾香子調出更具層次的香氣，再以芹菜增加濃醇滋味，不過要注意的是，芹菜的香氣非常強烈，所以記得酌量使用就好。這種香料也與豬肉非常搭配。

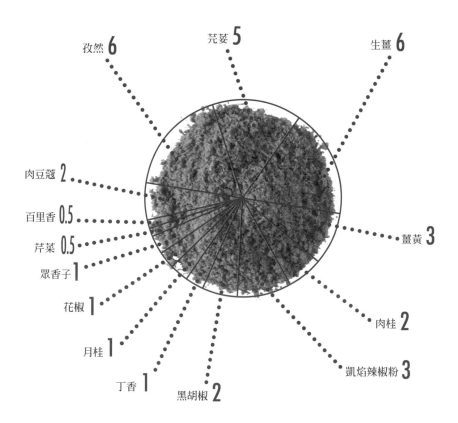

孜然 6
芫荽 5
生薑 6
肉豆蔻 2
百里香 0.5
芹菜 0.5
眾香子 1
花椒 1
月桂 1
丁香 1
黑胡椒 2
凱焰辣椒粉 3
肉桂 2
薑黃 3

比例

基礎香料
孜然 6 公克／芫荽 5 公克／生薑 6 公克

次要香料
薑黃 3 公克／肉桂 2 公克／凱焰辣椒粉 3 公克／黑胡椒 2 公克／丁香 1 公克／月桂 1 公克

增味香料
花椒 1 公克／眾香子 1 公克／芹菜 0.5 公克／百里香 0.5 公克／肉豆蔻 2 公克

菠菜絞肉咖哩

材料 3～4人份
肉豆蔻基底咖哩粉……2大匙
牛豬綜合絞肉……150公克
香菇……4朵（切成容易入口的大小）
菠菜……1把（切掉根部後，切成容易入口的大小，再泡到水中保持鮮嫩）

大蒜……1片（切末）
生薑……1片（切末）
沙拉油……3大匙
洋蔥……2顆（切末）
鹽……1小匙

A
整顆番茄罐頭……1/2罐（放入果汁機或食物調理機打成泥）
白酒……40 cc
水……50 cc
鹽……1/2小匙

Point

菠菜煮太久會出現苦味，起鍋前再加入就好。

作法
1. 將大蒜、生薑、沙拉油放入鍋中以小火加熱。
2. 待香氣逸出，將洋蔥與鹽倒入鍋中，以中小火持續拌炒15分鐘，直到洋蔥的體積縮小一半為止。
3. 倒入絞肉炒熟後，倒入1.5大匙的肉豆蔻基底咖哩粉，再快速拌炒一下，接著倒入食材A煮滾並撈除浮沫。倒入香菇後，改以小火燉煮30分鐘，直到整體食材都煮到軟爛為止。
4. 倒入菠菜稍微煮一下，煮到菠菜變軟即可。拌入1/2大匙的肉豆蔻基底咖哩粉。
5. 待咖哩餘溫退散後，放至冰箱冷藏一晚。食用時，先重新加熱再以鹽與砂糖調味。

Point

豬肉比雞肉不容易熬出高湯，所以用量要多一些。除了放牛蒡之外，蓮藕也很對味。

豬肉牛蒡咖哩

材料 3～4人份
肉豆蔻基底咖哩粉……2大匙

豬肩里肌……400公克（切成一口大小後，灑1/2小匙的鹽，再將滲出表面的水分擦乾）
牛蒡……1根（以滾刀切條後，泡在水裡備用）

大蒜……1片（切末）
生薑……1片（切末）
沙拉油……3大匙
洋蔥……2顆（切末）
鹽……1小匙

A
整顆番茄罐頭……1/2罐（放入果汁機或食物調理機打成泥）
白酒……40 cc
水……50 cc
鹽……1/2小匙

砂糖……1小匙
醬油……2大匙

作法
1. 將大蒜、生薑、沙拉油放入鍋中以小火加熱。
2. 待香氣逸出，將洋蔥與鹽倒入鍋中，以中小火持續拌炒15分鐘，直到洋蔥的體積縮小一半為止。
3. 倒入1.5大匙的肉豆蔻基底咖哩粉，再快速拌炒一下，接著倒入食材A煮滾並撈除浮沫。
4. 倒入豬肩里肌與牛蒡，改以小火燉煮1小時，直到豬肉變軟，整體食材變得軟爛為止。
5. 倒入1/2大匙的肉豆蔻基底咖哩粉，再煮滾一次食材。
6. 待咖哩餘溫退散後，放至冰箱冷藏一晚。食用時，先重新加熱再以鹽與砂糖調味。

195

Curry

6.　小茴香基底的咖哩粉

小茴香擁有微微嗆辣的甜香氣息，與甲殼類動物、白肉魚、或胡蘿蔔、地瓜類香甜的蔬菜非常對味。若是加入比肉桂還辛辣些許的肉豆蔻，將可讓味道更為扎實。這次的咖哩粉使用的是白胡椒，也利用馬郁蘭草增加優雅的香氣。

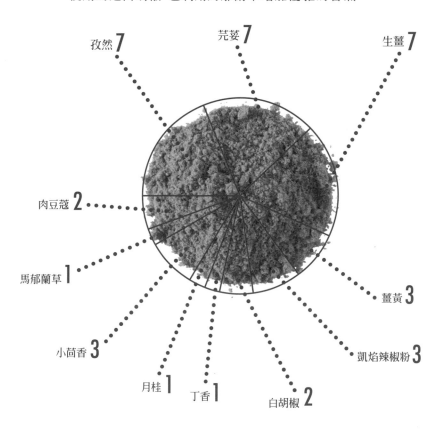

孜然 7　芫荽 7　生薑 7

肉豆蔻 2

馬郁蘭草 1

薑黃 3

小茴香 3

凱焰辣椒粉 3

月桂 1　丁香 1　白胡椒 2

比例

基礎香料
孜然 7 公克／芫荽 7 公克／生薑 7 公克

增味香料
小茴香 3 公克／馬郁蘭草 1 公克／肉豆蔻 2 公克

次要香料
薑黃 3 公克／凱焰辣椒粉 3 公克／白胡椒 2 公克／丁香 1 公克／月桂 1 公克

蝦子蘆筍奶油咖哩

材料 3～4人份
小茴香基底咖哩粉……2大匙

帶頭蝦子……10隻
（切掉頭部後，去殼、去腸泥，並切成一
口大小，接著灑上少許的鹽與白酒）
蘆筍……3把（切成方便入口的大小）
洋菇……1包（切成兩半）
鮮奶油……100 cc

大蒜……1片（切末）
生薑……1片（切末）
沙拉油……3大匙
洋蔥……2顆（切末）
鹽……1小匙

※蝦湯
蝦頭與蝦殼……10隻量
大蒜……1片
沙拉油……1大匙
水……500 cc
鹽……1小匙

A
整顆番茄罐頭……
1/2罐
（放入果汁機或食物
調理機打成泥）
白酒……40 cc
砂糖……1小匙
醬油……2大匙

新鮮小茴香……適量

Point
除了蘆筍，花
椰菜也是不錯
的選擇。

作法
1. 將沙拉油、大蒜、蝦頭、蝦殼全數倒入鍋中，再將全體炒熟，注意不要炒焦。倒水後，灑點鹽，再以小火燉煮20分鐘，燉煮過程中，可一邊將蝦殼與蝦頭壓爛。趁熱過濾出高湯（約有300 cc左右的高湯）。
2. 將大蒜、生薑、沙拉油放入鍋中以小火加熱。
3. 待香氣逸出，將洋蔥與鹽倒入鍋中，以中小火持續拌炒15分鐘，直到洋蔥的體積縮小一半為止。
4. 倒入1.5大匙的小茴香基底咖哩粉，再快速拌炒一下，接著倒入食材A與蝦湯煮滾並撈除浮沫。倒入蘆筍、洋菇後，燉煮至整體食材都煮熟為止。
5. 拌入鮮奶油，再倒入1/2大匙的小茴香基底咖哩粉，然後再次煮滾。
6. 待咖哩餘溫退散後，放至冰箱冷藏一晚。食用時，先重新加熱再以鹽與砂糖調味，並且鋪上小茴香當裝飾 。

胡蘿蔔絲雞肉咖哩

Point
加入奶油，讓胡蘿
蔔的甜味與小茴香
的香氣融合。

材料 3～4人份
小茴香基底咖哩粉……2大匙

雞胸肉……1片（切成一口大小後，灑1/2小匙的鹽）
胡蘿蔔……3根（順紋切絲）
奶油……30公克
大蒜……1片（切末）
生薑……1片（切末）
沙拉油……3大匙
洋蔥……2顆（切末）
鹽……1小匙

A
整顆番茄罐頭……1/2罐
（放入果汁機或食物調理機打成泥）
白酒……40 cc
水……50 cc
鹽……1/2小匙
砂糖……1小匙

新鮮細葉芹……適量

作法
1. 將大蒜、生薑、沙拉油放入鍋中以小火加熱。
2. 待香氣逸出，將洋蔥與鹽倒入鍋中，以中小火持續拌炒15分鐘，直到洋蔥的體積縮小一半為止。
3. 倒入1.5大匙的小茴香基底咖哩粉，再快速拌炒一下，接著倒入食材A煮滾並撈除浮沫。
4. 倒入雞胸肉與胡蘿蔔，以小火煮到胡蘿蔔變軟為止，再倒入奶油。
5. 倒入1/2大匙的小茴香基底咖哩粉，再次煮滾食材。
6. 待咖哩餘溫退散後，放至冰箱冷藏一晚。食用時，先重新加熱再以鹽與砂糖調味。
7. 鋪上細葉芹當裝飾。

Curry

7. 孜然基底的咖哩粉

這是一種強調孜然辛香氣息的配方,適合與腥味較重的羔羊肉或蔬菜咖哩搭配。這次另外調入了少量的生薑、薑黃或肉桂這類味道優雅的香料,也加入芹菜或奧勒岡這類香氣濃郁的香料,同時還利用小豆蔻與肉豆蔻增加微微辛辣的重點香氣。

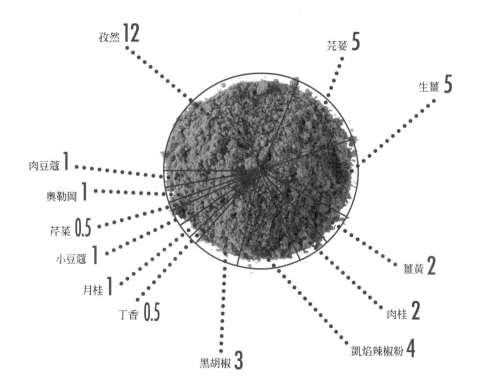

孜然 12
芫荽 5
生薑 5
肉豆蔻 1
奧勒岡 1
芹菜 0.5
小豆蔻 1
月桂 1
丁香 0.5
薑黃 2
肉桂 2
凱焰辣椒粉 4
黑胡椒 3

比例

基礎香料
孜然 12 公克／芫荽 5 公克／生薑 5 公克

次要香料
薑黃 2 公克／肉桂 2 公克／凱焰辣椒粉 4 公克／黑胡椒 3 公克／丁香 0.5 公克／月桂 1 公克

增味香料
小豆蔻 1 公克／芹菜 0.5 公克／奧勒岡 1 公克／肉豆蔻 1 公克

羔羊肉番茄咖哩

材料 3～4人份

孜然基底咖哩粉……2大匙

羔羊肉……400公克
（切掉筋後，灑1/2小匙的鹽，再將表面的水分擦乾）

番茄……3顆（切塊）

大蒜……1片（切末）
生薑……1片（切末）
沙拉油……3大匙
洋蔥……2顆（切末）
鹽……1小匙

A

整顆番茄罐頭……1/2罐（放入果汁機或食物調理機打成泥）
優格……100 cc（以打蛋器打到沒有結塊為止）
白酒……40 cc
鹽……1/2小匙
砂糖……1大匙

新鮮綠薄荷……適量

Point

新鮮番茄煮一下就煮軟了。優格先以打蛋器打得沒有結塊，再倒入鍋中。

Point

搭配綠薄荷一起吃，可嘗到清新的滋味。

作法

1. 將大蒜、生薑、沙拉油放入鍋中以小火加熱。
2. 待香氣逸出，將洋蔥與鹽倒入鍋中，以中小火持續拌炒15分鐘，直到洋蔥的體積縮小一半為止。
3. 倒入1.5大匙的孜然基底咖哩粉，再快速拌炒一下，接著倒入食材A煮滾。
4. 倒入羔羊肉，改以小火燉煮1小時，待羊肉煮軟，再倒入番茄，煮到番茄軟爛為止。
5. 倒入1/2大匙的孜然基底咖哩粉，然後再次煮滾。
6. 待咖哩餘溫退散後，放至冰箱冷藏一晚。食用時，先重新加熱再以鹽與砂糖調味。
7. 鋪上綠薄荷當裝飾。

湯咖哩

ww*Point*

倒入雞肉高湯可讓湯頭更為濃郁。使用當令蔬菜則可堆疊出季節感。

材料 3～4人份

孜然基底咖哩粉……2大匙

茄子……1根（垂直切成細條）
青椒……2顆（垂直切成細條）
胡蘿蔔……1根（垂直切成細條）
杏鮑菇……2根（垂直切成細條）
玉米粉……適量
炸油……適量

大蒜……1片（切末）
生薑……1片（切末）
沙拉油……3大匙
洋蔥……2顆（切末）
鹽……1小匙

A

整顆番茄罐頭……1/2罐
白酒……40cc
雞高湯……400cc
鹽……1/2小匙

作法

1. 將大蒜、生薑、沙拉油放入鍋中以小火加熱。
2. 待香氣逸出，將洋蔥與鹽倒入鍋中，以中小火持續拌炒15分鐘，直到洋蔥的體積縮小一半為止。
3. 倒入1.5大匙的孜然基底咖哩粉，再快速拌炒一下，接著倒入食A，再將食材倒入果汁機打至綿滑。將食材倒回鍋中，以小火收乾湯汁約20分鐘，過程中記得撈除浮沫。
4. 倒入1大匙的孜然基底咖哩粉，然後再次煮滾。
5. 待咖哩餘溫退散後，放至冰箱冷藏一晚。重新加熱後再以鹽與砂糖調味。
6. 在茄子、青椒、胡蘿蔔、杏鮑菇的表面裹一層玉米粉，再將這些食材放入油溫為攝氏180度的沙拉油裡炸至酥香。
7. 將步驟6的蔬菜盛入碗中，再將重新加熱過的步驟5咖哩倒入碗中。

Spice paste

Chapter 5
香料醬的配方

將蔬菜與調味料拌入香料&香草,就能製作出香料糊或香料醬。這種醬料除了可與肉類或蔬菜搭配,也很適合當成沾醬使用,可讓步驟簡單的料理湧現令人難以置信的複雜滋味。

黃、紅、綠的三色咖哩醬
CurryPaste

品嘗三色咖哩的不同個性

除了南薑、中國薑、泰國青檸、檸檬香茅、辣椒，再將異國風味的食材一同放入食物調理機打成糊，光這樣就能調配出個性鮮明的三色咖哩醬，可嘗到由強烈的香氣與刺激的辣味所共譜的美妙滋味。

咖哩醬的使用方法

泰式咖哩

將個人愛吃的食材放入平底鍋裡（例如雞肉、洋蔥、香菇或茄子）炒熟，再倒入咖哩醬（1人份以1大匙為標準），接著倒入100 cc的椰奶、100 cc的水熬10分鐘，直到所有食材都入味為止。

熱炒菜、炒飯

避免咖哩醬被炒焦，建議在起鍋之前再倒入料理裡，才能展現真正的風味。

炸雞、香煎豬肉、烘烤類料理的醃漬料

在肉類或蔬菜表面裹上一層咖哩醬再烹調。

咖哩醬的保存
可放在保鮮容器或保鮮袋裡保存。
存放在冰箱冷藏可保鮮數日，但要是一時之間用不完，建議放入冷凍室保存。

黃咖哩醬

與綠色或紅色的咖哩醬相較之下，
滋味更加圓潤，口感更是綿滑。

作法
將所有食材倒入果汁機
或食物調理機打成糊狀。

材料

洋蔥……150公克（切塊）
大蒜……2片（切成兩半後，摘掉芽）
羅勒或泰國羅勒……20公克（切粗段）
南薑……30公克（2 mm切片）

中國薑……30公克（2 mm切片）
檸檬香茅……35公克（2 mm切片）
鹽……10公克
蝦醬……5公克
魚露……50 cc

沙拉油……200 cc

薑黃粉……5公克
孜然粉……2公克
肉桂粉……1公克
小茴香粉……1公克
小豆蔻粉……0.5公克
八角粉……0.5公克

紅咖哩醬

放入大量的中國薑與香料粉，
以濃郁的滋味誘惑味蕾。

材料

洋蔥……150公克（切塊）
大蒜……2片（切成兩半後，摘掉芽）
紅辣椒※……2根（切掉蒂頭）
韓國粗研磨辣椒粉……15公克
芫荽葉……30公克（切粗段）

羅勒或泰國羅勒……20公克（切粗段）
南薑……10公克（2 mm切片）
中國薑……50公克（2 mm切片）
泰國青檸葉……3公克（切絲）

檸檬香茅……35公克（2 mm切片）

鹽……10公克
蝦醬……5公克
魚露……50 cc
沙拉油……200 cc
孜然粉……2公克
丁香粉……1公克
肉豆蔻粉……1公克
黑胡椒粉……1公克

※紅辣椒會因品種的不同而有不同的辣度，請酌量加入，覺得不夠辣再調整用量。

綠咖哩醬

加入椰奶，調成經典的綠咖哩。

材料

洋蔥……150公克（切塊）
大蒜……2片（切成兩半後，摘掉芽）
綠辣椒※……4根（切掉蒂頭）
芫荽葉……30公克（切粗段）

羅勒或泰國羅勒……20公克（切粗段）

南薑……30公克（2 mm切片）
中國薑……30公克（2 mm切片）

泰國青檸葉……3公克（切絲）
檸檬香茅……35公克（2 mm切片）

鹽……10公克
蝦醬……5公克
魚露……50 cc
沙拉油……200 cc
孜然粉……1公克
芫荽粉……0.5公克
肉豆蔻粉……0.5公克
黑胡椒粉……0.5公克

※青辣椒會因品種的不同而有不同的辣度，請酌量加入，覺得不夠辣再調整用量。
南薑、中國薑、泰國青檸、檸檬香茅的纖維較硬，不太容易磨碎，所以要先順紋切成短段。
蝦醬是利用蝦子製成的發酵調味料，可讓湯頭變得更為濃醇。

核果與香料製成的醬料
Nuts Paste

核果與香料的香氣能形成互相烘托的效果，
讓味道變得更為豐富醇厚。

核桃起司香草醬

材料

奶油起司……150公克
藍紋起司……20公克
烤過的核桃……40公克
新鮮百里香……3枝（將葉子刮下來後，枝椏捨棄
不用）
新鮮迷迭香……2公分（葉子約10瓣）
黑胡椒……5公克

作法

將所有食材倒入食物調理機，再攪拌至完全混合
為止。

Point

這種醬料可當成棍子麵包的抹料吃，也可當成蔬
菜的沾醬使用，同時還能當成肉類料理的配料。

芝麻醬

材料

A

芝麻醬……100公克
大蒜……1片（切成兩半後，摘掉芽）
檸檬汁……1顆量
鹽……10公克
砂糖……5公克
孜然粉……2公克
芫荽粉……0.5公克
小豆蔻粉……1小撮
凱焰辣椒粉……1小撮

研磨過的芝麻……10公克

作法

將食材A倒入食物調理機，打至
質地綿滑為止。（如果打不勻，
可利用刮刀之類的工具一邊將醬
料抹平，一邊打勻，如果還是打
不勻，可倒入少量的水或檸檬
汁）
加入研磨過的芝麻再繼續攪拌。

※在中東，中東芝麻醬是一種以
豆類可樂餅沾著吃的醬料。

Point

這種醬料可當成蔬菜或烘烤類蔬
菜的涼拌料使用，也可用於豆腐
沙拉。

花生味噌醬

材料

花生……40公克
鄉村味噌……100公克
砂糖……40公克
酒或燒酒……1公克
醋……2大匙
芫荽粉……1公克
花椒粉……0.5公克

作法

將所有材料倒入食物調理機打成泥。

Point

這種醬料可當成生春捲與白斬雞的淋
醬使用，也可當成蔬菜的沾醬來吃。

作法

將花生倒入食物調理機理磨碎，再倒
入其他食材攪拌。

花生甜辣醬

材料

花生……30公克
大蒜……1/4片（切薄片）
砂糖……30公克
醋……100 ml
辣椒片……10片
鹽……1/2小匙

※靜置一晚後，大蒜的香氣才能完
全釋放，味道也將更上一層樓。

Point

這種醬料可當成生春捲或炸雞的沾
醬，也可當成沙拉的淋醬使用，甚
至可當成涼拌豆腐的佐料。

花生味噌香菜烏龍麵

花生味噌醬的濃郁與芫荽的清香共譜風格獨具的冷烏龍麵。

材料 2人份

粗烏龍麵
（冷凍或半熟的粗烏龍麵）……2人份

花生味噌醬……5大匙
醋……1大匙

新鮮芫荽……適量
新鮮薄荷……適量

作法

1. 將煮熟的烏龍麵泡在冷水裡。
2. 將花生味噌醬與醋調勻後鋪在麵條上，再裝飾芫荽與薄荷。

Point

盛夏之際，可酌量增加醋的用量，讓味道變得更為清爽。

香草醬
Herb Paste

新鮮香草的清爽風味可應用在兼具中西風味
的醬料與淋醬的製作。

青醬

材料
新鮮羅勒……40瓣
橄欖油……100 cc
大蒜……1片（切半後，摘掉芽）
鹽……8公克

作法
將所有食材倒入食物調理機，
打到所有食材都變細碎為止。

※若能另外加入帕瑪森起司與
松子，就可製作成熱那亞羅勒
青醬。

Point

這種醬料可用於香煎的肉類或魚類料
理，也可用於油炸料理與義大利麵。

香草醬

材料
新鮮百里香……5枝
（摘掉堅硬的莖部）
新鮮奧勒岡……5枝
（摘掉堅硬的莖部）
新鮮馬郁蘭草……5枝
（摘掉堅硬的莖部）
新鮮迷迭香……2公分（葉子約10瓣）
橄欖油……100 cc
大蒜……1片（切半後，摘掉芽）
鹽……8公克

作法
將所有食材倒入食物調理機打細。

※味道與青醬類似，但多了份清涼的
口感。

Point

可用於香煎的肉類
或魚類料理，也可
用於油炸類料理、
醃漬類料理或義式
薄片生牛肉。

山椒生薑醬

材料
山椒葉……60瓣
山椒籽（水煮）……10公克
生薑……10公克
太白芝麻油……100 cc
鹽……8公克

作法
將所有食材倒入食物調理機打細。

※若手邊沒有太白芝麻油，可選用沙
拉油代替。

Point

這種醬料可當成涼
拌菜的佐料使用，也
可當成香煎的雞肉、
白肉魚料理或炸雞
的醃漬料，還能當成
烤竹筍的沾醬使用。

206

Chapter 5

以大量新鮮香草製成的香草醬來做簡單的料理

香煎山椒雞

只要將山椒生薑醬抹在雞肉表面再煎，就能煎出口感毫不油膩的香煎雞肉。

材料 3～4人份

雞腿肉……2片（切成一口大小）
山椒生薑醬……2大匙

作法

1. 將醬料抹在雞肉表面靜置10分鐘。
2. 放入平底鍋乾煎，直到雞肉變得軟嫩為止。要小心別煎焦了。

Point

也可以先將雞肉切成小塊，做成像串燒的風格。

以大量新鮮香草製成的香草醬來做簡單的料理

山椒生薑醬

日式祕魯涼拌海鮮

將祕魯涼拌海鮮做成日式風味的料理。
透過醬料將鯛魚、茗荷與豆瓣菜拌在一起，品嘗食材堆疊出的纖細風味。

材料 3～4人份

鯛魚（生魚片等級）……1片（切成厚片）

山椒生薑醬……1.5大匙

豆瓣菜……1/4把（切成3～4公分再泡入冷水備用）

茗荷……2根（切成薄片後，泡入冷水備用）

萊姆……1/2顆（切成梳子狀）

作法

1. 將醬料抹在鯛魚表面。
2. 將鯛魚與瀝乾水分的蔬菜拌在一起。
3. 盛盤後，附上萊姆。

Point

可用干貝與鱸魚代替鯛魚。

簡易熱那亞青醬義大利麵

這是一道能充分品嘗新鮮香草馨香的超簡單料理。
這道料理的祕訣在於拿掉松子這項經典的食材，讓口感變得更為清爽。

材料 2人份
義大利麵……160公克
青醬……2大匙
帕瑪森起司……100公克（磨成粉）

作法
1. 煮一鍋熱水汆熟義大利麵。
2. 將義大利麵與青醬、帕瑪森起司拌在一起。

莎莎醬
Salsa Sauce

莎莎醬是一種使用了大量芫荽的墨西哥經典醬料。紅莎莎醬是利用韓國辣椒增加口味的濃醇，綠莎莎醬則是利用墨西哥綠辣椒營造清爽的風味。莎莎醬的用途非常廣泛，除了可當成沾醬使用，也可當成炙烤肉類料理或海鮮的佐料，還能拌入淋醬或是用於醃漬類料理，以及替醋漬類食物提味。

紅莎莎醬

材料
粗研磨的韓國辣椒粉……10公克
洋蔥……1/2顆（剝皮後切成粗塊）
大蒜……1片（切半後，摘掉芽）
番茄……1/2顆（去籽後，切成粗塊）
芫荽葉……4～5枝量（切成粗段）
沙拉油……2大匙
鹽……8公克
孜然粉……0.5公克
芫荽粉……0.5公克
丁香粉……0.5公克

作法
將所有食材放入食物調理機打細。

※紅莎莎醬所使用的辣椒原本是鈴鐺辣椒或煙燻辣椒，但取得不易，才改用辣味較不明顯的粗研磨的韓國辣椒粉代替。

Point

紅莎莎醬可當成烤肉或海鮮的佐料，也能當成淋醬的材料或醃漬料的提味料。

綠莎莎醬

材料
墨西哥綠辣椒（生）……1根（去掉蒂頭）
洋蔥……1/2顆（剝皮後切成粗塊）
大蒜……1片（切半後，摘掉芽）
黃椒……1/3顆（去籽後，切成粗塊）
芫荽葉……4～5枝量（切成粗段）
沙拉油……2大匙
鹽……8公克
孜然粉……1公克

作法
將所有食材放入食物調理機打細。

※若買不到墨西哥綠辣椒，可利用生的綠辣椒代替，但辣度有些不同，需要斟酌用量。

Point

綠莎莎醬可當成烤肉或海鮮的佐料，也能當成淋醬的材料或醃漬料的提味料。

酸甜醬
Chutney

酸甜醬是以水果與各種香料熬煮而成的印度調味料。除了可替咖哩或燉煮類料理提味，也可與鹽、醬油混拌，當成烤肉或BBQ的醃漬料使用。

杏桃酸甜醬

材料

洋蔥……1/2顆（切薄片）
大蒜……1/2片（切薄片）
生薑……1/2片（切薄片）

A

乾燥杏桃……100公克（以水泡發再切成末）
砂糖……30公克
生薑粉……1公克
芫荽粉……0.5公克
小豆蔻粉……0.2公克
眾香子粉……0.1公克
凱焰辣椒粉……0.1公克

水……50 cc

作法

將洋蔥、大蒜、生薑倒入厚底鍋，以小火炒熟後，倒入食材A快速攪拌一下，再倒水燉煮30分鐘。燉煮時，請不斷地攪拌，直到水分揮發，食材凝固成果醬的質地為止。

Point

杏桃酸甜醬可當成烤肉的配料，也能用來替燉煮類料理提味或是當成沾醬、一般醬料與淋醬的提味料使用。

香蕉酸甜醬

材料

洋蔥……1/2顆（切薄片）
大蒜……1/2片（切薄片）
生薑……1/2片（切薄片）

A

香蕉……2根（切薄片）
砂糖……30公克
肉桂……1公克
丁香……0.1公克
眾香子粉……0.1公克
凱焰辣椒粉……0.1公克

水……50 cc

作法

1. 將洋蔥、大蒜、生薑倒入厚底鍋，以小火炒熟。
2. 倒入食材A快速攪拌一下倒水燉煮30分鐘。燉煮時，請
3. 不斷地攪拌，直到水分揮發，食材凝固成果醬的質地為止。

Point

香蕉酸甜醬可當成烤肉的配料，也能用來替燉煮類料理提味或是當成沾醬、一般醬料與淋醬的提味料使用。

Spice herb tea

Chapter 6
香草茶的配方

香味來源的香料&香草、搭配的茶葉、增加
香氣的香料,這次要以這三個部分調出迷人
的香草茶。各位讀者可根據本書介紹的基
本配方,自行調配出口味獨創的香草茶。

利用茶香與增味香料為基礎香氣增添變化

在作為香氣來源的9種香料&香草裡加入茶葉與香料，營造出酸味、醇味、爽朗香氣、甜蜜溫和香氣、清爽香氣、異國香氣的香草茶。

香氣來源的9種香料

1. **玫瑰果油＋朱槿**
   Rose hip ＋ Hibiscus

2. **肉桂＋丁香**
   Cinnamon ＋ Clove

3. **小豆蔻＋生薑**
   Cardamon ＋ Ginger

4. **綠薄荷**
   Spearmint

5. **玫瑰**
   Rose

6. **洋甘菊**
   German Chamomile

7. **薰衣草**
   Lavender

8. **茉莉**
   Jasmine

9. **接骨木花**
   Elder flower

基本茶葉

紅茶
Black tea

綠茶
Green tea

檸檬香草
Lemon glass

南非國寶茶
Looibos tea

覆盆子葉
Rasberry Leaf

基本茶葉最好選擇味道明顯、香氣多樣且可與各種香料或香草搭配的種類。

香草茶的泡製方法（以1人份為標準）

將一茶匙量的綜合茶葉放入茶壺，注入200 cc熱水悶蒸1～5分鐘。蒸煮的時間越長，越能萃取出更多香氣，但也會萃取出酸味與苦味，所以請以茶葉的調配量為基準，調整茶葉的用量。

將一茶匙量的綜合茶葉倒入茶壺裡。

1. *Rose hip ＋ Hibiscus*
玫瑰果油 + 朱槿

這種組合帶有溫潤順口的酸味，可應用於各種混合茶裡。朱槿一泡熱水就會立刻釋放酸味，而玫瑰果油則是在悶蒸數分鐘之後才會釋放酸味，只要多泡幾次應該就能掌握茶葉的用量以及悶蒸所需的時間。

稍微泡得濃一點，再加入冰塊，就是美味的冰茶。

1-a	
玫瑰果油……10	
朱槿……5	
檸檬香茅……5	
生薑……5	
橘子皮……5	悶蒸時間：3 分鐘

這次的配方以香氣爽朗的香料&香草為主軸，是一種非常順口的香草茶。可視個人喜好加入蜂蜜或檸檬汁。

※數字的單位全部是公克（g），
　同時是 10 杯量的配方。

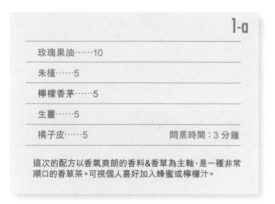

1-b	
玫瑰果油……10	
朱槿……3	
藍山紅茶……3	
小豆蔻……5	
丁香……2	
玫瑰……1	悶蒸時間：3 分鐘

這次是充滿成熟香氣的綜合香料。在香氣隨和的基礎香料裡加入小豆蔻與丁香，營造成熟的香氣。

使用玻璃材質的茶壺就能看到花朵緩緩綻放的美妙舞姿。

2. Cinnamon ＋ Clove
肉桂 ＋丁香

同樣擁有香甜氣味的香料可共同營造出濃厚的風味，也適合與阿薩姆紅茶這種味道深濃的茶葉搭配，而且與橘子皮或乾燥蘋果這類冬季水果擁有極高的適性。

2-a

肉桂……5

丁香……3

阿薩姆紅茶……5

橘子皮……5

悶蒸時間：3 分鐘

這個配方擁有微苦的成熟風味。

2-b

肉桂……8

丁香……3

阿薩姆紅茶……8

乾燥蘋果……15

茴香……5

橘子皮……3

悶蒸時間：3 分鐘

這個配方增加了肉桂的比例，也透過乾燥蘋果營造隨性的氛圍。若買不到乾燥蘋果，可改用新鮮蘋果。

Point

乾燥蘋果需要多點時間萃取味道，請多試幾次，找出最佳的萃取時間。

3. Cardamon ＋ Ginger
小豆蔻 ＋ 生薑

兩種薑科香料的搭配可組合出微微刺激的味道。是一款很適合在冬天飲用的茶品。

3-a

小豆蔻……10

生薑……5

檸檬香茅……5

薰衣草……2

綠薄荷……1 小撮

悶蒸時間：3 分鐘

這是散發著爽朗氣味的配方，而且薰衣草也帶有若隱若現的女人香。

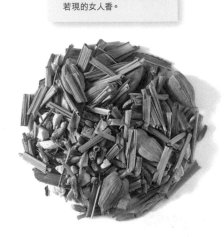

3-b

小豆蔻……20

生薑……5

藍山紅茶……7

橘子皮……3

茴香……2

悶蒸時間：3 分鐘

這是讓小豆蔻的馨香更為突顯的配方，也可在煮滾後，煮成印度奶茶。

4. *Spearmint*
綠薄荷

綠薄荷的香氣裡帶有甜味，所以較胡椒薄荷順口，也比較容易與其他香草搭配。由於香氣強烈，少量也能感受到它的存在。

4-a

綠薄荷……2

阿薩姆紅茶……7

茴香……7

乾燥蘋果……30

悶蒸時間：3 分鐘

薄荷與蘋果的組合與巧克力堪稱絕配，同時也能當成香草茶飲用。

4-b

綠薄荷……3

藍山紅茶……3

檸檬皮……3

茴香……3

茉莉……2

悶蒸時間：3 分鐘

利用茉莉營造異國香氣。基本茶葉可改用祁門紅茶或中國綠茶。

Point

清爽的異國滋味適合在用完中式料理之後品嘗。

薄荷與蘋果泡製而成的茶，與苦味明顯的巧克力是絕配。

Point

比例上多一點比較容
易混合。一次混拌的量
多一點，之後以茶包分
成小包裝，放在能密封
的袋子裡保存。

混拌的時候，可先倒入大盆子裡，再以
較大的湯匙攪拌均勻。

5. *Rose*
玫瑰

外觀豔麗的玫瑰，是最能代表女人香
的花朵。蒸煮的時間宜短，否則會釋
放出苦味。

5-a	
玫瑰……7	
祁門紅茶……5	
小豆蔻……10	
杜松子……5	
八角……3	
悶蒸時間：2分鐘	

這種充滿異國風情且色味
俱全的配方，不禁令人想起
「東方美人」。

Point

玫瑰那華麗的香氣
很適合在需要喘口
氣的時候使用。

5-b	
玫瑰……7	
檸檬香茅……5	
玫瑰果油……5	
茴香……5	
檸檬皮……3	
悶蒸時間：2分鐘	

清爽之中帶有微微酸味的配
方。

6. 洋甘菊
German Chamomile

其香甜溫暖的香氣與日曬的香氣及蘋果的香氣相近，即便是初嘗香草茶的人也能輕鬆飲用。

6-a

| 洋甘菊……10 |
| 檸檬香茅……3 |
| 覆盆子葉……2 |
| 迷迭香……1 |
| 綠薄荷……1 小撮 |
| 悶蒸時間：2 分鐘 |

利用洋甘菊的香甜氣味營造整體的爽朗風味。

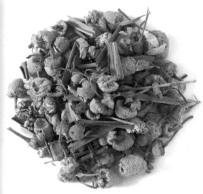

Point

增加紅茶比例，讓茶味更濃一些，就很適合煮成奶茶。

6-b

| 洋甘菊……1 |
| 藍山紅茶……5 |
| 橙花……3 |
| 橘子皮……3 |
| 錫蘭肉桂……1 |
| 悶蒸時間：2 分鐘 |

這次調配了味道微苦的香草，與洋甘菊的香甜氣味形成美妙的平衡。

7. 薰衣草
Lavender

清爽的成熟香氣。若是單獨使用，可能會有個人喜好的問題，一旦與其他香草搭配，就變得順口許多。

Point

可當成睡前的紓壓茶飲用。

7-a

| 薰衣草……7 |
| 檸檬香茅……2 |
| 迷迭香……2 |
| 綠薄荷……1 小撮 |
| 悶蒸時間：2 分鐘 |

加入擁有相同特殊風味的迷迭香，再以檸檬香茅整合成順口的味道。味道雖然清新，卻散發著沉穩的香氣。

7-b

| 薰衣草……7 |
| 朱槿……3 |
| 檸檬皮……3 |
| 悶蒸時間：2 分鐘 |

這次的配方雖未納入基本茶葉的紅茶與檸檬香茅，卻含有薰衣草與朱槿的風味，是一種單純而美好的配方。

8. *Jasmine* 茉莉

用來營造異國風味的法寶。

Point

祁門紅茶的煙
燻風味洋溢著
異國風情。

9. *Elder flower* 接骨木花

擁有類似蜂蜜與丹桂那溫柔而甘甜的香氣。

Point

加入濃醇蜂蜜，製作
成冷飲也很享受。

香料的歷史

香料與香草已歷經幾千年以上的歷史，與人們的生活也早已密不可分。
讓我們一起走進那令人心醉神迷的香料與香草的漫長歷史。

與南島民族一同展開的
～生薑之旅～

若香料指的是「散發著異國香氣的東西」，那麼最古老的香料有可能就是生薑了。讓生薑從異國傳至異國的，據說是在西元 4 千年前，從被譽為發源地的中國東南部與台灣南方的南島民族。他們帶著生薑前往印尼、馬達加斯加、復活節島與紐西蘭，然後在紐西蘭種植生薑。由於生薑可不透過種籽，直接以切割過的小塊塊莖栽植，所以長期以來，都是透過人工進行栽培。不過，當時應該沒有像現代擁有性能優異的栽植工具吧。早期的生薑是一種被允許載上船的珍貴植物，而這也是香料被運輸至各地的開端。

埃及的「進口」
～對肉桂與胡椒的推測～

時光回到西元前 2 千年的埃及。被稱為朋特的非洲之地每年都會行經紅海上貢許多舶來品，而且品項明細裡就記載了代表肉桂（另有一說是記載了樟腦與楠木科植物）的名稱，也有人認為同為東南亞產地的胡椒也在此時進口至埃及。不論實情為何，西元前 5 世紀就已出現以桂皮防止屍體腐敗的記錄，而在差不多年代的舊約聖經的詩篇裡也記載了肉桂。

腓尼基人的「香料貿易」
～傘形科香料的推廣～

據說腓尼基人在西元前 1 千年左右，以現代的黎巴嫩為根據地從事香料貿易，其貿易版圖西達西班牙南部到康瓦爾低地一帶，往東則達埃塞俄比亞聯邦民主共和國。據說當時交易的香料包含來自東洋的肉桂與胡椒，以及地中海的傘形科香料、小茴香、茴香、葛縷子以及芝麻、胡蘆巴、罌粟與果黑種草。西方的植物也成為移動的「香料」，在印度這些東方國度開始栽種。

爾後隨著亞歷山大大帝的遠征，在西元 1 世紀的羅馬時代之後，其貿易觸角也延伸至中國，最後的陸路貿易也形成眾所皆知的絲路，而不管陸路或海路貿易，都長期為阿拉伯人所把持。

※ 乘船而來的辛巴達

天方夜譚的第一個故事「海與辛巴達之船」就是以阿拉伯帶回來的土產為故事雛型，其中提到了巨大的島、食人族的村落與海中怪物，也出現了類似希臘神話的內容。雖然我們難以辨別哪些內容為真，哪些內容是捏造的，但仍然可推測當時阿拉伯商人的航海旅行的確凶險萬分。

由十字軍士兵掀起的「香料採買」
～對香料的渴望～

西羅馬帝國滅亡後，變得封閉的歐洲幾乎斷絕與東洋的一切交易，由阿拉伯人帶入的高貴香料，也因此成為少數上流階級的掌中之物。西元 1096 年，十字軍的耶路撒冷遠征開始了。當時香料的貿易途徑雖然仍由阿拉伯人把持，但是當時該地已是香料貿易的中繼站，累積了許多來自印度的香料。因此，來自威尼斯、比薩、熱那亞的義大利人們也加入十字軍，打算大量採購香料。這些將香料銷往歐洲各地而賺取大筆利潤的商業都市常因香料的壟斷權而對立，最後威尼斯總算掌握所有權利。

※ 馬可波羅

以《東方見聞錄》聞名的馬可波羅生於西元 1254 年的威尼斯。最早與忽必烈見面的是他的父親與叔父，後來又因忽必烈對西方有興趣而組成使節團再次來到中國，此次馬可波羅也跟著同行。在中國做官 17 年後，在西元 1295 年回到故鄉，當時的威尼斯與熱那亞的戰爭正如火如荼地展開中，於是馬可波羅就被敵方陣營所擄獲。比薩人獄友魯思梯切羅（Rustichello da Pisa）是一名專業作家，將馬可波羅的回憶錄寫成文章，爾後這些文章就成為聞名世界的《東方見聞錄》。盡管馬可波羅不是第一

個來到蒙古與中國的歐洲人，卻能在全世界如此聲名大噪，恐怕全得拜魯思梯切羅的文采所賜吧。

大航海時代的「香料貿易嶄新路徑」
～尋找香料之島～

見到威尼斯如此繁榮的歐洲各國君主總算明白高貴的香料可為國家帶來巨額的利潤，因此他們想擺脫威尼斯與阿拉伯人的箝制，尋找前往栽植著大量高貴香料的香料之島（摩洛哥）的新貿易路徑。其中最為瘋狂的就是葡萄牙的恩里克王子。敬虔且具有才能的他將科學家與水手們請到他的領地進行日夜研究，並且收集了歐洲各地的世界地圖，也興建了港口。他的目標不是經過地中海與絲路，而是繞過非洲南端直接前往亞洲。當時連非洲有沒有南端都不知道，但在他死後，他的繼任者們繼續這項艱難的挑戰，最後在西元 1489 年由迪亞斯發現好望角，緊接著瓦斯科達伽馬終於到達印度的科澤科德。

過沒多久，西元 1522 年，西班牙的麥哲倫一行人經過西行的航路抵達摩洛哥群島，並多次與將當地當成殖民地的葡萄牙人展開激烈的戰爭，而香料戰爭也就此拉開序幕。

※ 祭司王約翰

從西元 11 世紀開始咸認東方也有基督教國家，而治理該國的國王就是祭司王約翰。最初傳說他的國家位於印度，當時有封由他寫給羅馬法王的信件流傳著。等到西方人到達印度後，才發現印度根本沒有這個國家，才轉而認為，祭司王約翰的王國應該位於未經開發的非洲。最後，成為王國地點候補的埃塞俄比亞聯邦民主共和國又將這個結論否定，因此這個傳說也就自然消滅。

美洲大陸的發現
～辣椒的根源～

正當葡萄牙人尋求繞行非洲南端的航路之際，有一位找到往西航向印度之路的西班牙航士，那就是哥倫布。被他誤認為印度的美洲大陸一直以來都是未知的大陸，而這塊大陸上栽種了可可、香莢蘭與辣椒，之後他就將辣椒推廣至全世界。現代料理常使用的辣椒多屬印度或泰國的品種，但其實這些品種也都是在西元 16 世紀之際由哥倫布傳入的。

專售香料的「株式會社」
～東印度公司～

當葡萄牙與西班牙因爭奪東南亞各處香料產地而宣戰時荷蘭趁虛而入，征服了一片又一片的土地之餘，該國的商人也開始投資荷蘭人，而這就是東印度公司的前身。之後，這些商人們各自設立公司，競爭也漸漸白熱化，最後為了平息紛爭而設立東印度公司。同時期的英國商人也設立了東印度公司，而這家公司甚至成長到能佔領印度的程度。歐洲商人也希望能獲得同樣的成功而效法英國商人設立公司，但公司最後都無法像東印度公司成長為龐然大物。

香料的「移植」
～香料戰爭的結束～

為各國香料紛爭劃下休止符的是法國的東印度公司。由皮耶波瓦佛爾率領的集團前往香料無人島，帶回香料的幼苗，並於法國以及殖民地栽植成功。而這種異國產物的香料也開始能於世界各國氣候相似之處栽植，也就為香料產地的戰爭劃下句點。

【Gooday 10】MG0010X

香料香草風味全書
日本首席香料師親授！完整掌握香料香草的調配知識與料理祕訣！

スパイス & ハーブ料理の発想と組み立て：
調合家が提案する新しい使い方とオリジナルレシピ

作　　　者	日沼紀子
譯　　　者	許郁文
封 面 設 計	兒日
版 面 編 排	走路花工作室
總 編 輯	郭寶秀
責 任 編 輯	陳郁倫
行 銷 業 務	許純綾

發 行 人	凃玉雲
出　　　版	馬可孛羅文化
	台北市民生東路二段 141 號 5 樓
	電話：02-25007696
發　　　行	英屬蓋曼群島商家庭傳媒股份有限公司城邦分公司
	台北市中山區民生東路 141 號 2 樓
	客服專線：02-25007718；25007719
	24 小時傳真專線：02-25001990；25001991
	服務時間：週一至週五上午 09:00-12:00；下午 13:00-17:00
	劃撥帳號：19863813　戶名：書虫股份有限公司
	讀者服務信箱：service@readingclub.com.tw
香港發行所	城邦（香港）出版集團有限公司
	香港灣仔駱克道 193 號東超商業中心 1 樓
	電話：852-25086231 或 25086217　傳真：852-25789337
	電子信箱：hkcite@biznetvigator.com
新馬發行所	城邦（新、馬）出版集團
	Cite（M）Sdn. Bhd.（458372U）
	41, Jalan Radin Anum, Bandar Baru Sri Petaling,
	57000 Kuala Lumpur, Malaysia.
	電話：603-90578822　傳真：603-90576622
	電子信箱：services@cite.com.my
輸 出 印 刷	中原造像股份有限公司
二 版 一 刷	2022 年 8 月
定　　　價	580 元（紙書）
定　　　價	406 元（電子書）

SPICE & HERB RYORI NO HASSO TO KUMITATE by Noriko Hinuma
Copyright © 2014 by Noriko Hinuma
All rights reserved.
Original Japanese edition published by Seibundo Shinkosha Publishing Co., Ltd.

This Traditional Chinese language edition is published by arrangement with Seibundo
Shinkosha Publishing Co., Ltd., Tokyo in care of Tuttle-Mori Agency, Inc., Tokyo through
Bardon-Chinese Media Agency, Tapei
Complex Chinese language edition copyright © 2016、2022 by Marco Polo Press, A Division
of Cité Publishing Ltd.

ISBN：978-626-7156-13-1（平裝）
EISBN：9786267156155（EPUB）

城邦讀書花園 www.cite.com.tw　版權所有 . 翻印必究（如有缺頁或破損請寄回更換）

國家圖書館出版品預行編目 (CIP) 資料

香料香草風味全書：日本首席香料師親授！
完整掌握香料香草的調配知識與料理祕訣！
/ 日沼紀子著；許郁文譯 . -- 二版 . -- 臺北
市：馬可孛羅文化出版：英屬蓋曼群島商
家庭傳媒股份有限公司城邦分公司發行，
2022.0
面；　公分 . -- (Gooday ; MG0010X)
譯自：スパイス & ハーブ料理の発想と組
み立て：調合家が提案する新しい使い方
とオリジナルレシピ
ISBN 978-626-7156-13-1(平裝)

1.CST: 食譜 2.CST: 香料 3.CST: 香料作物
427.1　　　　　　　　　111009543